高新纺织材料研究与应用丛书

U0150950

功能性纳米纤维膜的制备及其在环境领域的应用

凤权 著

中国纺织出版社有限公司

内 容 提 要

本书重点介绍了功能性纳米纤维膜的制备及其在环境领域的应用。内容包括纳米纤维膜的制备及功能化改性，功能性纳米纤维膜在生物催化降解、重金属离子吸附、光催化降解与蛋白质分离等环境治理中的应用。本书内容反映了该领域的研究前沿及发展趋势，可为纳米纤维的功能化改性与应用提供理论参考与研究案例。

本书可供纺织工程、材料工程、环境工程等相关领域科研人员、技术人员借鉴、参考，也可供纺织、非织造、环境、高分子材料等专业的教师、研究生和本科生阅读。

图书在版编目（CIP）数据

功能性纳米纤维膜的制备及其在环境领域的应用 / 凤权著. -- 北京：中国纺织出版社有限公司，2021.12

（高新纺织材料研究与应用丛书）

ISBN 978-7-5180-9163-8

Ⅰ. ①功… Ⅱ. ①凤… Ⅲ. ①纳米材料－纺织纤维－材料制备－研究②纳米材料－纺织纤维－应用－环境工程－研究 Ⅳ. ①TS102

中国版本图书馆 CIP 数据核字（2021）第 231652 号

责任编辑：沈 靖 责任校对：江思飞 责任印制：何 建

中国纺织出版社有限公司出版发行

地址：北京市朝阳区百子湾东里A407号楼 邮政编码：100124

销售电话：010—67004422 传真：010—87155801

http://www.c-textilep.com

中国纺织出版社天猫旗舰店

官方微博 http://weibo.com/2119887771

三河市宏盛印务有限公司印刷 各地新华书店经销

2021年12月第1版第1次印刷

开本：710×1000 1/16 印张：11

字数：203千字 定价：88.00元

前　言

水污染是主要的环境问题之一，如何有效地去除水体中的重金属离子（如镉、铅、铬、铜、铁等离子）或染料、抗生素等污染物具有重要的研究意义。近年来，纳米纤维由于具有高比表面积、高孔隙率等诸多特点而备受关注，并被广泛应用于环境净化。微观尺度分析可以发现，高孔隙率与高比表面积的纳米纤维膜内部是由纳米纤维随机交叠而成的多孔结构。通过控制制备条件，研究人员可以调节材料的孔隙率、比表面积、机械强度和形态。而在纳米纤维上定向进行改性是制备具有功能特性的新型纳米级复合材料的主要途径。

作者所在课题组在功能性纳米纤维的制备、光催化性能分析、基于纳米纤维的酶固定化及其在环境废水处理的应用等方面积累了一定的经验，现将相关的研究成果加以梳理总结，撰写此书，希望对从事相关研究的同行们有一定的借鉴作用。

本书主要介绍了纳米纤维基功能性材料的制备及其在水体污染物深度处理中的应用。第1章为绪论部分，主要概述纳米纤维的结构特点、功能化改性及相关应用；第2~5章分别介绍了功能性纳米纤维膜在重金属离子吸附、光催化、生物催化和蛋白质分离方面的应用。

感谢国家自然科学基金（面上项目，21377004）、安徽省自然科学基金（1408085ME87、2008085ME139）、安徽高校自然科学研究项目（KJ2016SD04）、安徽省高校科研创新平台团队建设项目（KP40000020）对本书的资助。全书编写过程中得到了武丁胜、胡金燕、李鑫等博士研究生和周堂、李伟刚、李曼、刘锁、赵玲玲、赵磊、杨旭、刘祖一、汪邓兵等硕士研究生的帮助，在此表示感谢。

由于作者水平有限，书中难免存在疏漏与不妥之处，恳请广大读者不吝赐教，容后改进。

凤权

2021年9月

目　录

第1章　绪论

1.1　纳米纤维

1.1.1　纳米纤维概述

纳米纤维是指直径在纳米尺度内的纤维。当纤维直径达到纳米级时，将具有极大的比表面积、极小的孔径、较高的孔隙率和良好的力学性能。同时纳米纤维还具有纳米材料的一些特殊性质，如由量子尺寸效应和宏观量子隧道效应带来的特殊的电学、磁学、光学性质[1-2]。

纳米纤维根据其组成可分为聚合物纳米纤维、无机纳米纤维和有机/无机复合纳米纤维等[3-5]。纳米纤维可通过模板合成法[6]、自组装法[7]、拉伸法[8]、静电纺丝法[9-10]等制得。模板合成法是以纳米多孔膜为模板，制备纳米纤维或中空纳米纤维，可纺制不同材料，如原纤维、聚合物、无机材料等，但该方法很难制得连续的纳米长纤维。自组装法是将已有的组分自发地组装成预想的结构，该方法过程复杂，耗时较长。相分离法是将两种不同成分的聚合物纺成复合纤维（海岛型），随后将"海"组分用溶剂溶解，便得到超细纤维或纳米纤维，该方法制备纳米纤维也需要相当长的时间。拉伸法类似于常规纤维生产中的干法纺丝，该方法可以制得很长的纳米纤维长丝，但只有那些具有良好的黏弹性，能在较大的引力下牵伸变形的高分子材料才能被拉伸成纳米纤维。静电纺丝技术是在近十几年快速发展的制备纳米纤维的方法，它利用静电力的作用把高分子溶液或熔融液牵伸成纳米纤维，是目前能直接制备连续纳米纤维及其非织造毡膜的最直接有效的方法[11]。

1.1.2 静电纺纳米纤维

1.1.2.1 静电纺丝过程及原理

20世纪30年代，Formhals[12]关于在静电场力作用下制备聚合物纤维申请了多项专利，提出了静电纺制备超细纤维的方法。1966年，Simons[13]获得用静电纺丝生产非织造布的发明专利，把静电纺纤维从二维结构发展到了三维结构。20世纪90年代以后，纳米技术的兴起推动了静电纺丝的快速发展，尤其以美国Akron大学（阿克伦大学）的研究为代表，他们不仅深入研究纺丝的工艺，还对纺丝的机理进行了研究。目前，已经有上百种高分子材料能利用静电纺丝技术制备出纳米纤维。

静电纺丝（electrospinning）基本原理如图1-1所示。

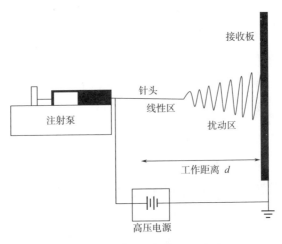

图 1-1　静电纺丝基本原理[14]

静电纺丝是指在高压静电场下的纺丝过程，它是有别于以往干法、湿法、熔融纺丝手段的一种新型纺丝技术。在典型的静电纺丝过程中，首先将聚合物溶液或熔体带几千甚至几万伏的静电，静电场中的电场力作用于液滴的表面，带电的聚合物在电场的作用下在纺丝口处形成泰勒锥，当电场力增加到能克服纺丝液内部张力时，泰勒锥体被牵伸，且做加速运动形成运动射流，运动射流会在电场中被牵伸、加速，沿着不稳定的螺旋状轨迹弯曲运动，其过程中，纤维逐渐变细，并最终沉积在收集板上，形成纳米级的非织造纤维毡[14]。

在静电纺丝过程中，影响纤维形貌的参量可分为过程参量和原料体系参量两部分。过程参量包括静电压、毛细管尺寸及形状、纺丝速率、喷丝口到接收装置的距离、环境温湿度和空气流速等。原料体系参量包括纺丝液中聚合物的分子结构、分子量大小与分布、溶液黏度、电导率、表面张力等；射流在电场中的运动方式及最终形成的纤维形貌是诸多因素共同作用的结果[15]。

Reneker等[16-17]对静电纺丝的机理进行了较为系统的研究。他们认为，在纺丝过程中，纺丝液首先从毛细管口中喷出，并在静电力作用下经加速朝着接收部分运动，此时产生纵向的拉力使喷射流在初始阶段保持稳定并呈直线运动。经过一段距离后，喷射流开始应力松弛，喷射流中电荷的相互作用就开始成为其继续运动的主要影响因素。带电射流在电场中进一步加速，直径也随之减小。此时，射流的表面电荷将发生衰减，表面电荷与电场之间的合力可以产生切向电应力，这是使射流加速和直径减小的主要推动力，与之抗衡的主要是黏性应力[18]。

Spivak等[19]综合考虑电场力和表面张力、惯性力、黏性阻力、流体静电力等对喷射流的影响，将喷射流的直径看成是表面张力、电流和流量的函数，并得到相应的微分方程：

$$\frac{\mathrm{d}}{\mathrm{d}z}\left[R^{-4}+\left(N_{\mathrm{w}}R\right)^{-1}-N_{\mathrm{R}}^{-1}\left(\frac{\mathrm{d}R^{-2}}{\mathrm{d}z}\right)^{m}\right]=1 \qquad (1-1)$$

式中：N_{w}——无量纲Weber数；

$\quad\ N_{\mathrm{R}}$——Euler数的倒数；

$\quad\ R$——射流半径；

$\quad\ z$——坐标轴位置；

$\quad\ m$——常数。

Sergey等[20-21]研究表明，纺丝液在静电场的作用下，喷射半径与纺丝液性质、静电纺丝工艺条件之间存在以下关系：

$$r=\gamma\xi\frac{Q^2}{I^2}\frac{2}{\pi\left(2\ln\dfrac{R}{h}-3\right)}\tag{1-2}$$

式中：r——喷射半径；

γ——纺丝液的表面张力；

ξ——纺丝液的介电常数；

Q——纺丝液流量；

I——射流所带的电流；

h——喷丝孔半径；

R——喷射液曲率。

射流的稳定性分析是静电纺丝机理分析的关键。静电纺丝过程中主要涉及三种不稳定性。第一是黏性不稳定性，是由于黏性力和毛细力引起的，传统纺丝中也常存在；第二种是非轴对称的弯曲不稳定性，是流体在法向上受到的电场力导致的；第三种是轴对称的曲张不稳定性，是射流的表面电荷在切向电场中受力引起的。其中，弯曲不稳定性又被称为"鞭动"[22-23]。

Yarin等[24]认为，纺丝过程中无序的弯曲在电场力的作用下会形成螺旋状摆动。射流沿着圆锥形轨迹运动，电荷相互作用的不稳定性也在逐步增加，在运动轨迹方向形成以运动轨迹某一起点为轴心的二级及以上不稳定弯曲的运动，此时形成三维的不稳定弯曲。其运动轨迹如图1-2所示。

近年来，人们在静电纺丝的装置上不断推陈出新。在纤维收集装置

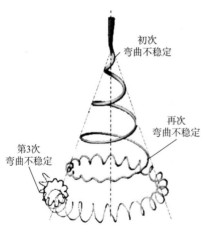

图1-2 电场中的射流路径

初次
弯曲不稳定

再次
弯曲不稳定

第3次
弯曲不稳定

上，由平板收集器拓展到铁饼收集器[25]、高速转动的圆筒收集器[26]、附加电场收集器[27]、水浴收集器[28]、附加磁场收集器[29]等。

在喷丝装置上，利用多喷头来提高纺丝效率或者将不同聚合物溶液由各自的喷丝头喷出，形成有多层不同材料的纳米纤维膜[30]。这种混合静电纺丝在组织工程等领域有很好的发展前景。另外，还有将注射泵内外重叠放置的复合式喷头，可用于制备具有皮芯结构的同轴静电纺丝，如图1-3所示。这种方法一般外喷头中的纺丝液为功能性材料，内喷头中的纺丝液为支撑性材料，制备出来的纤维既具备所需的功能性也具有较好的力学性能。

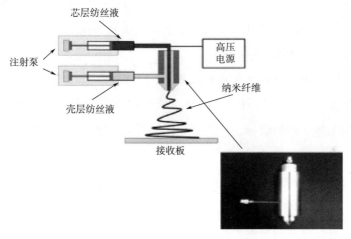

图 1-3 同轴静电纺丝的基本构成[31]

目前，已有少数学者尝试将微流体技术与静电纺丝技术相结合，制备具有独特形态和功能性的纳米纤维。微流体技术是指在微观尺寸下进行控制、操作和检测的复杂流体技术，是在微机械、微电子、现代生物技术和纳米技术基础上发展起来的一门全新交叉学科[32]。将微流体技术与静电纺丝技术结合，是静电纺纳米纤维制备领域的新尝试。研究者希望通过微流体静电纺丝将反应、过程控制、纳米纤维成型等环节有机地耦合起来，制备成分和形态可控的特种纳米纤维膜。图1-4所示为基于微流体技术进行静电纺丝的结构示意图。

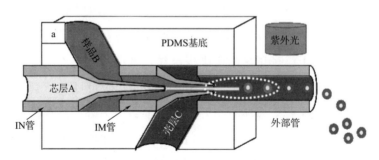

图1-4　微流体静电纺示意图[32]

　　静电纺丝技术在近二十年来取得长足进步。在我国，研究的内容也逐渐向纺丝原理的探索、相关模型的建立、新材料静电纺丝的研究等方向转变。目前静电纺纳米纤维研究的一个重要方面是如何大幅提高生产效率，以逐步适应工业化生产的需要。

1.1.2.2　静电纺纳米纤维的应用

　　近年来，静电纺丝研究已经从形貌的控制发展到应用开发，并在过滤、组织工程、药物缓释、传感等领域取得了丰硕的研究成果。

　　（1）过滤材料

　　过滤材料在原料或产品分离提纯、空气及水体净化、废弃物排放前处理等工业生产环节发挥着重要的作用。在现代生物、医药等领域的快速发展中，对过滤材料也提出新的需求。例如，对直径在微米级和纳米级的粒子有很好的过滤效果，则要求过滤材料的通道和空隙结构必须与过滤对象的粒径相配对，而静电纺纳米纤维是制备高效过滤介质最直接有效的方法之一[33]。静电纺纳米纤维膜孔径在数十纳米到几微米间变化，孔隙率高，而且具有连贯的孔洞结构，具有良好的空气通透性和对目的物的截留吸附性能。罗磊等[34]通过在普通聚丙烯（PP）熔喷非织造布上沉积静电纺聚丙烯腈（PAN）纳米纤维制备出一种高效的空气过滤复合纤维膜，并测试分析了其过滤性能。赵伟等[35]通过在纺丝液中加入纳米二氧化硅构建了具有微纳结构的超疏水型静电纺复合纤维膜，使纤维膜具有一定的自清洁性能，并对复合纤维膜的孔径大小和对空气的过滤性能做了探究。同时探究了纳米二氧化硅含量、复合纤维膜面密度和风速对复合纤维膜空气过滤性能的影响。

（2）组织工程

当纤维直径小于或相当于动物体细胞直径时，细胞可黏附在纤维上并沿纤维生长。近年来，纳米纤维膜以其巨大的细胞外基质仿生潜能，被认为是一种很好的组织工程中细胞培养的支架材料[36]。Marziyeh等[37]制备了静电纺载姜黄素纳米纤维，糖尿病大鼠伤口愈合实验表明，静电纺支架中姜黄素的释放有效促进了成纤维细胞的增殖以及胶原蛋白和血管等的再生。Kim等[38]将聚己内酯（PCL）与聚醚酰亚胺（PEI）按20∶1的质量比获得静电纺纳米纤维，并以其用于NIH 3T3成纤维细胞的培养，图1-5所示为培养5天后，纳米纤维支架上细胞生长的扫描电镜图片。

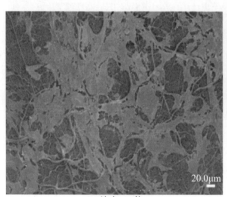
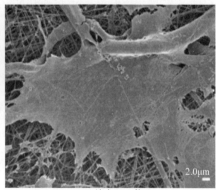

(a) 放大500倍　　　　　　　　　　　　(b) 放大4000倍

图1-5　5天后纳米纤维支架上细胞生长的扫描电镜图[38]

（3）药物缓释

药物缓释系统是为了在较长时间内维持药物有效浓度，通过改变药剂结构，使药物在预定时间内释放于相应的作用环境中，提高药物的稳定性和有效利用率，降低药物的毒副作用，减少服药次数，减轻患者的痛苦[39]。

静电纺丝选材十分灵活，是一种可直接生产纳米尺寸药物颗粒的方法，可将很多药物添加在适当的溶液中进行静电纺丝。Chen等[40]将水溶性较差的麝香草酚（THY）与β-环糊精（β-CD）自组装形成水溶性包合物（IC）。通过静电纺丝分散到多孔醋酸纤维素纤维基体中（CA/THY/β-CD），CA/THY/β-CD纤维膜表现出持续的药物释放和对金黄色葡萄球菌显著的抗菌活性。Jinke等[41]采用双侧静电纺丝法制备两侧分别含有环丙沙星和银纳米粒子的双面创面敷料，90%的环丙沙星在半小时内释放，能够有效抑制早期创面中的细菌繁殖，对大肠杆菌和金黄色葡萄球菌都具有较好的抗菌效果。Salma[42]将聚乳酸和醋酸纤维素进行混纺，用于负载抗菌药物百里香醌（TQ），当纳米纤维膜中聚乳酸和醋酸纤维素中比例为7∶3时，纤维膜可以控制肉芽组织再生，显著促进了伤口愈合过程，对于临床上常见的感染有一定的预防作用。Song等[43]研究了具有双载药体系的复合纳米纤维，分别用荧光素（fluorescein）和罗丹明（rhodamine B）为模拟药物，负载于多孔硅纳米颗粒中，再分散到以聚乳酸—聚羟乙酸共聚物（PLGA）为连续相的纺丝液中，静电纺丝后制得载药复合纳米纤维，双载药体系静电纺纳米纤维制备过程如图1-6所示。研究结果表明，两种模拟药物具有完全独立的释放动力学。荧光素在24h内完全释放，而罗丹明释放速度则相对比较缓慢。此研究同时发现，改变纤维中多孔硅纳米颗粒中罗丹明的含量可以对其释放量进行有效调控。

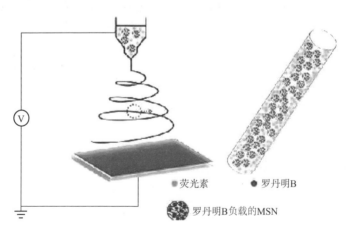

图1-6　静电纺双载药复合纳米纤维制备过程示意图[43]

（4）传感器

纳米技术的发展为传感器提供了优良的纳米敏感材料，如纳米离子、纳米管、纳米纤维等，与传统的传感器相比，纳米传感器尺寸小、敏感性高、应用领域广，基于纳米技术制作的传感器也极大地丰富了传感器的基础理论[44]。其中纳米纤维由于其吸附力强、生物兼容性好、催化效率高、便于从反应体系中分离等性能，在传感器技术中得到广泛重视。纳米纤维的引入大幅提高了检测灵敏度，缩短了响应时间，使仪器向微型化发展成为可能[45]。目前，基于纳米纤维制备的传感器，已经应用于无机及有机物的检测。

Luho等[46]研究了一种基于PAN静电纺纳米纤维的CO_2气体传感器，他们将包含纳米颗粒的聚合物溶液通过静电纺丝方法制成纳米纤维，纳米颗粒选择粒径在10～70nm的氧化锌、氧化铁。这种包含纳米颗粒的PAN纳米纤维用作传感器与傅里叶红外光谱仪连接起来检测CO_2气体。吸收光谱显示出该传感器具有很高的敏感性。Wang等[47]将聚丙烯酸（PAA）和聚甲醇芘（PM）的共聚物PAA-PM通过静电纺丝方法制成纳米纤维，并将其引入基于荧光淬灭的光学传感器中。纳米纤维的高孔隙率的结构和大比表面积使得传感器能够对检测物有很高的灵敏度，实现对2,4-二硝基甲苯和金属离子Fe（Ⅲ）、Hg（Ⅱ）的灵敏检测。Katarzyna等[48]将脲酶分散到聚乙烯吡咯烷酮（PVP）纺丝液中，利用静电纺丝制得固定化酶的复合纳米纤维，由于纳米纤维的小直径和巨大的比表面积，使得包埋法固定于纳米纤维中的脲酶对氨水的检测限达到1×10^{-6}级。

1.1.3 细菌纤维素纳米纤维

细菌纤维素（bacterial cellulose，BC）是利用微生物培养制备形成的纳米级纤维素纤维。细菌纤维素的分子式为$(C_6H_{10}O_5)_n$，化学结构与植物纤维素相同。但两种纤维素之间仍存在以下不同之处。

（1）与含有其他组分（果胶、木质素）的植物纤维素不同，细菌纤维素组成单一，全部为纯纤维素。

（2）细菌纤维素内部结构是由直径在100nm以下的纳米丝束组成的3D网络结构[49]。

（3）细菌纤维素具有较高的结晶度和聚合度，优良的持水性以及成型过程可控性。

（4）细菌纤维素的生物相容性好，可以通过在细菌纤维素内加入无毒性或毒性微弱的功能材料，来制备具有特殊性能的功能性细菌纤维素复合材料。

（5）细菌纤维素由于存在合成周期长、产量低等缺点，限制了其大规模产业化应用[50]。

木醋杆菌是最早被发现能够合成细菌纤维素的菌种，后来土壤农杆菌、根瘤菌等细菌也被发现可以产出BC。这种生物高分子材料的合成过程主要是在多种酶的作用下发生聚合反应，将D–吡喃葡萄糖苷同β–1, 4–葡萄糖苷键连接形成线性支链多糖，然后这些葡聚糖链从细菌细胞壁孔隙挤出，多条葡聚糖链组成亚纤维，再形成微纤维。由于BC上每个葡萄糖环上有三个羟基，正是由于大量的羟基官能团的作用，使游离的微纤自组装成为直径为20~100nm的纤维束，经过交叉缠绕，形成具有三维纳米网状结构以及稳定的纤维间和纤维内氢键的天然细菌纤维素膜。细菌纤维素纯度高、结晶度高、模量高，对于生物几乎不会产生排异和炎症反应，具有良好的生物相容性、生物可降解性，此外还具有持水性高、吸水能力强等优良特性。虽然原生BC具有出色的特性，但为了充分挖掘它的潜力，满足不同研究的要求，采用不同方法对BC的结构、理化性质和功能进行改性或设计，提高BC的附加值，使功能化的细菌纤维素可应用在传感器、光电子、化妆品、食品、生物医学等领域[51]。

许多国内外学者选择将其与其他材料（纳米材料或高聚物）进行复合，改良其性质，拓展应用范围。当前，细菌纤维素纤维复合材料主要通过原位复合与后加工复合方法制备得到[52]。后加工复合法就是通过浸渍、原位生长、打碎再混合等手段将纯细菌纤维素与其他功能材料进行复合。而原位复合则是在细菌纤维素培养过程中加入功能材料，使菌体产生的纤维能够与其进行缠绕复合，并最终将功能材料包覆在细菌纤维素内部形成功能性复合材料。黄婕好等[53]利用原位复合的方法在细菌纤维生物培养过程中以涤纶非织造布为载体，制备了BC/涤纶非织造布复合材料，研究发现，相比涤纶非织造布，复合材料的亲水性和含水率增加，拉伸力学性能提高。因此，认为BC/涤纶非织造布复合材料在特种创伤敷料领域具备应用前景。张雯等[54]以聚乳酸（PLA）为原料，利用BC生产菌株发酵制得BC/PLA复合膜用于药物缓释领域。张秀菊等[55]以钛酸异丙酯为前驱体，通过水热法在BC上生长TiO_2颗粒，制得负载TiO_2的细菌纤维素，探究其光催化降解性能。结果表明，将该复合材料用于染料废水的处理，其降解效果明显且重复使用性能优异。蒋国民等[56]在BC上通过水热法合成TiO_2，获得TiO_2/BC复合纤维膜用于二硝基重氮酚废水的光催化降解研究。Zhang等[57]通过溶胶—凝胶法在BC上合成了异质光催化剂并应用于活性艳蓝KN-R的脱色，研究发现，BC/TiO_2复合材料的光催化性能优异，通过多次重复实验可知，样品具备良好的重复使用性能。Yang等[58]使用BC作为三维软模板并涂有聚多胺（PDA）作为功能层，用于固定TiO_2颗粒，探究其光催化性能。

此外，BC自身存在的化学基团使它能够与多种物质发生作用从而为原始BC带来新的功能。以BC为基材聚合其他化合物或者以BC为模板负载药物，从而使BC具备更多的功能性，比如抗菌性能、改善的力学性能等，以此达到预期想要的治疗效果[59-60]。Ana等[61]通过原位自由基聚合2-氨基乙基甲基丙烯酸酯制备细菌纤维素/聚2-氨基乙基甲基丙烯酸酯（BC/PAEM）纳米复合材料，接枝复合膜的透明性明显高于纯BC膜，并表现出良好的热性能和力学性能，此外BC/PAEM纳米复合材料对大肠杆菌表现出抑制其繁殖的效果。Samira[62]通过水热法合成了碳量子点-二氧化钛（CQD-TiO_2）纳米粒子并通过浸渍的方式引入BC中，通过研究发现CQD-TiO_2使BC的抗菌性能和机械强度增加，可以运用在伤口愈合方面。Luo[63]在BC的侧链上引入羧基，并以此为位点原位合成了ZnO，合成的复合膜具有良好的抗菌效果和促伤口愈合活性。Ayesha[64]通过水热法合成ZnO纳米粒子，然后通过浸渍的方法将氧化锌负载在BC中，使其具备抗菌性能，拓展BC在感染创面中的应用，研究表明，在小鼠烧伤模型中呈现良好的愈合效果。

1.2　胺肟化纳米纤维

1.2.1　胺肟化改性原理

胺肟化改性主要是通过将含有氰基（—C≡N）的化合物在一定温度和时间下，通过添加相关催化剂与盐酸羟胺发生反应生成胺肟化基团的过程，反应机理如图1-7所示。

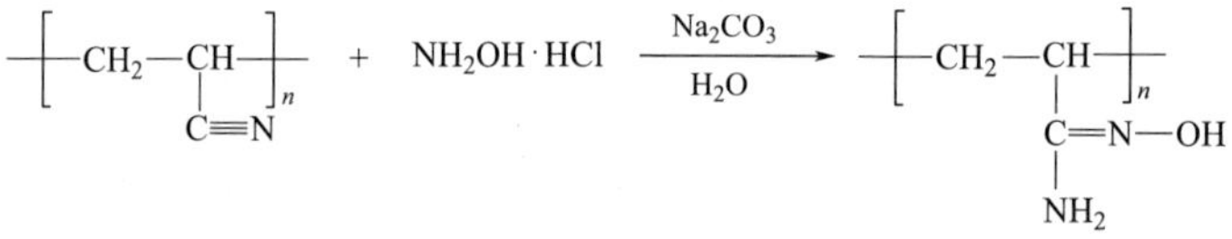

$$\left[CH_2-CH\right]_n \underset{C\equiv N}{} + NH_2OH\cdot HCl \xrightarrow[H_2O]{Na_2CO_3} \left[CH_2-CH\right]_n \underset{C=N-OH}{\underset{NH_2}{}}$$

图1-7　偕胺肟化改性原理

以聚丙烯腈纳米纤维为例，制备胺肟化改性纳米纤维。首先通过静电纺丝的方法制备聚丙烯腈纳米纤维，将制备好的纳米纤维放置于500mL（0.15mol/L）的盐酸羟胺溶液中，在65℃条件下反应2h，用碳酸钠溶液调节盐酸羟胺溶液pH为7。待反应结束后取出，蒸馏水清洗5次，放置于40℃烘箱中烘干，即可得到胺肟化改性纳米纤维[65]。

1.2.2　胺肟化纳米纤维的研究意义

偕胺肟分子通式是RC=（NOH）NH₂，同时含有氨基和肟基，在该官能团中含有孤对电子，易于与一些具有空轨道的金属离子形成配合物[66-67]。偕胺肟基材料是一类含有偕胺肟基团的高分子聚合物，偕胺肟基团可发生配位的重金属离子种类有很多，因此受到人们的广泛关注[68-69]。以偕胺肟材料制备的纳米纤维，不仅具备比表面积大的特点，还具有选择性强、吸附效率高以及重复使用性良好等优点。偕胺肟材料由于其高吸附性能使其在废水处理以及重金属离子的富集、回收等方面具有广泛的应用价值[70]。

通过静电纺丝技术制备得到复合纳米纤维，再经化学改性技术在复合纳米纤维表面引入大量的功能性基团，如羟基、偕胺肟基等，这些基团可与重金属离子进行螯合，使得该材料不仅具备膜分离的作用，还具备化学吸附的效果，同时材料本身具备可重复使用性能。偕胺肟化纳米纤维作为吸附剂，具有树脂型吸附剂无法比拟的优势，如吸附容量大、吸附速率快、洗脱容易等。偕胺肟化纳米纤维表面存在大量的功能性基团，这些基团是决定螯合纤维吸附效率的关键因素。偕胺肟化纳米纤维的特殊功能性基团赋予了它优越的动力学吸附特性和专一的选择性，因此，其在工业废水的处理、饮用水的净化、贵重金属的富集与回收、痕量元素的分析、海洋资源的利用等方面具有潜在的应用前景[71]。

1.3　光催化纳米纤维

1.3.1　光催化原理

以半导体材料为核心的光催化技术是能利用太阳能将污染物完全矿化为二氧化碳和水等小分子，在环境领域被广泛研究[72-73]。纳米TiO_2作为当前研究最多的半导体光催化剂之一，其在受到光激发时产生的自由电子和自由空穴与环境中的羟基、溶解氧和水等结合转换成羟基自由基、超氧根离子等具有强氧化作用的物质，从而将有机污染物降解成无毒的小分子物质[74]。光催化反应机理如图1-8所示。

目前光催化技术不断发展，众多性能优良的半导体催化剂得到广泛研究，但在实际应用中仍存在不足之处：①光催化自身的带隙能较宽，大多数只能被紫外波段的光源激发，太阳光使用率低；②在反应过程中电子（e^-）—空穴（h^+）对的稳定性差，极易复合，光生载流子寿命过短，量

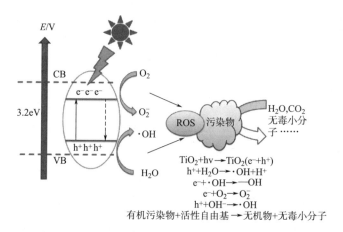

图 1-8 光催化反应机理[75]

子利用率低；③众多半导体催化剂通常以粉体形式参与光催化，存在稳定性差、回收困难等缺点，影响实际使用效率[76]。因此，不少学者研究出一系列优化改性方法来解决上述问题。

为提高光催化剂活性，国内外专家学者通过晶面调控、结构控制、掺杂改性、制备异质结构等方法来减弱e^-—h^+的复合速率，延长e^-和h^+的存活时间。Lipeeka等人[77]通过两步合成法合成ZnO基复合纳米催化剂，并以RhB染料、2-氯苯酚、苯酚、2,4-二氯苯酚和2,4-二硝基苯酚等有机化合物模拟污染，研究了ZnO基复合纳米催化剂的光催化效果。肖颖冠等[78]构建了一种新型的碳氮共改性中空二氧化钛光催化剂（C/N–TiO$_2$），实验发现，与纯TiO$_2$相比，C/N–TiO$_2$复合催化剂对光的吸收范围变大，通过计算可知，样品禁带宽度变小，大大改善了催化剂对四环素的催化降解性能。Beldjebli等[79]在ITO材料上使用溶胶凝胶法负载多孔Al^{3+}–TiO$_2$薄膜，实验结果表明，与掺杂前样品（3.51eV）相比，掺杂Al^{3+}后催化剂的带隙值减小了0.26eV，降低了e^-—h^+复合速率；在紫外线照射下可以实现罗丹明B和苯酚的完全降解。

此外，为了改善催化剂难以回收利用的问题，众多学者开始将纳米催化剂固定到特定载体上，制备负载型光催化剂用于光催化技术。合适的固定化载体在发挥高效搭载作用的同时，能够增强催化剂材料的稳定性，促进光催化剂活性的提高[80]。

1.3.2 光催化纳米纤维的研究意义

目前对于废水处理大多使用的吸附过滤等净化技术，存在造价昂贵、效率不高等缺陷。相比较而言，光催化技术则是一种高效绿色的氧化技术，在处理水体污染方面呈现出良好的应用前景。光催化技术处理染料废水主要是通过光催化剂颗粒与污染物发生反应完成，粉状催化剂呈现出优异的降解能力的同时，存在不少缺陷。例如，催化剂在反应结束后分离困难，反应时间增加会让催化剂颗粒出现团聚现象，从而抑制光催化活性等。由于上述缺陷的存在，光催化技术的实际应用价值大大降低[81]。

而实现催化剂的固定化不仅可以减少催化剂的损耗和增强稳定性，而且可以降低操作成本。因此，在不同载体上实现光催化剂的固定化引起广泛关注。光催化剂负载方法主要有溶胶凝胶（sol-gel）法、浸渍法、水热法以及其他技术等。当前，以无机材料为载体进行催化剂的负载研究最为广泛，但是仍存在不少缺陷。例如，金属类载体受环境影响较大，在过酸或过碱等极端情况下稳定性差[82]；粉煤灰、沸石等矿物类载体自身硬度低，易出现破裂导致催化剂失活[83]。因此，具有柔性、低成本、力学性能稳定、易使用以及耐久性好等优点的聚合物载体开始进入研究人员的视线中[84]。

1.4 纳米纤维固定化酶

1.4.1 酶的固定化载体与常用方法

1.4.1.1 酶的固定化载体

合成高分子材料作为载体固定化酶的报道不胜枚举。其中既有聚乙烯醇、聚乙烯、聚丙烯腈、聚酰胺、聚甲基丙烯酸甲酯等常规的高分子聚合物被直接或改性后用于固定化酶，也有将不同单体聚合，制备具有独特功能的酶固定化载体[85-91]。也有学者将天然的有机物与合成的高分子材料复合固定化酶，提高载体的生物亲和性。如Gang等[92]用壳聚糖修饰聚甲基丙烯酸环氧丙酯（GMA）微球，用于固定化胰蛋白酶，与未经修饰的载体相比，其生物相容性显著提高，固定化酶的相关性能得到改善。

传统的无机载体主要是SiO_2、Al_2O_3、活性炭等，这些载体具有来源方便、价格低廉、机械强度高、使用寿命长等优点，一般是采用吸附法或包埋法固定化酶，也有是用小分子经化学改性后用共价法固定化酶。例如，Sebania等[93]以无机的SiO_2为载体，固定葡萄糖氧化酶，以其作为检测葡萄糖的传感器电极。

无机载体的结构不容易调控，传质效果不理想，近年来，人们开始将无机材料与有机高分子结合起来，制备有机/无机复合载体，其中磁性材料制备的酶固定化载体得到普遍重视。

磁性高分子微球是通过适当的方法使无机磁性物质与有机高分子相结合，形成具有一定磁性的酶固定化载体。它可以通过包埋法或吸附法固定化酶，也可以通过表面改性、共聚等方法在微球表面引入功能性基团，如羟基、羧基、巯基、氨基等，以共价键固定化酶[94-97]。还可以通过外加磁场实现微球的分离。Liu等[98]通过戊二醛交联法制备含有Fe_3O_4的壳聚糖磁性材料，并用于固定化脂肪酶。图1-9（a）为无磁场环境下制备的颗粒状载体，图1-9（b）为在施加磁场的条件下制备的棒状载体。

(a) 无磁场　　　　　　　　　　(b) 有磁场

图1-9　Fe_3O_4-CS 纳米颗粒在无磁场和有磁场条件下的扫描电镜图[98]

苏丽访等[99]以三聚氰胺泡沫为原料，经简单碳化处理合成自支撑碳纤维，并基于聚多巴胺的强黏附特性使其在碳纤维载体材料上发生聚合反应，合成了聚多巴胺改性的自支撑碳纤维复合材料。随后利用聚多巴胺上丰富的官能团与脂肪酶上的氨基以共价结合法固定化脂肪酶。高丰琴等[100]以核—壳型结构的$Fe_3O_4@Au$微粒为载体，采用亲和素—生物素系统对葡萄糖氧化酶的固定化进行研究。表征结果表明，固定化酶呈现不规则圆球形，直径为$80 \sim 180nm$。

除了在其化学组成上开发新型载体的固定化酶载体，近年来载体的尺寸不断减小，已由微米级发展到纳米级，将纳米材料的特有性能运用于酶工程领域，其中将纳米纤维作为酶固定的载体，更是引起研究者的重视。据文献报道，目前已有相关研究成果发表，例如，张群华等[101]采用静电纺丝技术制备聚氨酯纳米纤维膜，用壳聚糖进行亲水改性后固定柚苷酶，测定不同浓度的壳聚糖对纤维膜亲水改性下的载酶量和酶活力以及固定化柚苷酶在不同酶解温度、时间和pH条件下的酶活力。王宁等[102]基于静电纺丝技术制备甲基丙烯酸甲酯–丙烯酸共聚纳米纤维（PMMA-co-PAA），利用壳聚糖（CTS）和甲基丙烯酸钠对纳米纤维进行改性。以该纳米纤维作为载体固定脂肪酶，研究改性纳米纤维对酶的固载量及稳定性的影响。

1.4.1.2 酶固定化方法

在酶的固定化技术中，固定化方法也是影响固定化酶性能的重要方面。常用的固定化方法主要有吸附法、包埋法、交联法、共价结合法和配位结合法。

（1）吸附法

吸附法主要包括物理吸附法与离子吸附法。物理吸附法主要是指通过物理吸附作用，将酶固定在不溶性载体上的一种方法。所用的载体可以是有机、无机、天然高分子和合成高分子载体。酶与载体之间主要是通过范德瓦尔斯力、氢键形成结合力，这是一种很温和的固定化方法，酶的构型和构象变化较少，活性中心不易被破坏，能有效保留酶的活性，同时也便于载体的反复使用。但这种物理吸附不牢固,吸附过程是可逆的,在使用过程中,酶容易脱落[103]。

离子吸附法是载体上带有电荷的基团与酶蛋白上的氨基酸残基发生静电作用,如天冬氨酸、谷氨酸上的羧基以及赖氨酸上的氨基等。物理吸附也可以通过载体的功能化修饰引入离子基团,实现离子吸附。离子吸附的固定化条件也较为温和,可以得到较高活性的固定化酶。Yu等[104]以D311离子交换树脂作为载体,通过离子交换吸附法对脂肪酶进行了固定。所得固定化酶在最佳条件下用于催化合成月桂酸月桂醇酯取得良好的效果。但离子吸附法也存在吸附力较弱、易脱落的问题。

(2)包埋法

包埋法是将酶包埋在高分子凝胶网络中,或是将酶包埋在高分子的半透膜中(微胶囊型)。包埋法不需要载体与酶蛋白的氨基酸残基结合反应,对酶的高级结构影响很小,酶活回收率高。

Tang等[105]研究了以琼脂作为载体材料,采用包埋法固定化酪氨酸酶。结果表明,在最适反应条件下,固定化酶具有较好的催化性能和操作稳定性,重复使用7次后其活力回收率仍达到68.3%。由于只有小分子才能在高分子凝胶微孔中扩散,并且扩散过程中会遇到载体的位阻,因此,底物与酶的活性部位的有效结合会受到影响,进而降低酶的表观活力。因此,包埋法只能适合作用于底物和产物都是小分子的生物催化过程[106]。

(3)交联法

交联法是利用具有功能性基团的试剂与酶分子之间用共价交联的固定化方法[107]。戊二醛是最常用的交联剂,其他交联剂有双氨联苯、鞣酸等。但是交联法由于在固定化过程中有酶分子间发生化学反应,酶失活较为严重。

(4)共价结合法

共价结合法是将载体与酶蛋白以共价键相结合的固定化方法,是长期以来广为采用的固定化方法。载体上的用于共价结合的官能团有氨基、羧基、羟基、羟甲基等,酶分子上用于共价结合的官能团有氨基、酚基、羧基、咪唑基、吲哚基。共价结合法需要载体具有相应的功能性基团,固定过程也要严格控制条件,有时共价结合法与交联法联用。根据载体的活性基团与酶共价结合反应的性质,可将共价结合法细分为多种,常见的有叠氮法、重氮法、戊二醛法。

（5）配位结合法

材料上的氨基、羟基、羧基、羰基、巯基等基团上含有电负性很强的N、O、S原子,这些原子可以提供孤对电子进入金属离子的价电子轨道,形成配位键。最初,研究者利用该原理制备色谱柱进行蛋白质分离纯化。该方法因具有配合物稳定、蛋白吸附量大、洗脱条件温和等特点被尝试运用于酶固定,并取得良好的效果[108]。配位固定化酶在很多文献中被称为化学吸附法。与物理吸附法相比,配位结合方法具有更大的结合力,固定化酶使用过程中不易脱落。与共价结合法相比,该固定化方法可有效减少对酶构象的影响,提高固定化酶的活力。作为新型高效的酶固定化方法,配位固定已得到研究者的高度关注[109]。Bayramolu等[110]以聚乙烯吡啶为基体,与铜离子配合,形成金属配合微球,再将漆酶以配位方法固定于微球上,该固定化酶对活性染料有很好的降解性能。

1.4.2 原子转移自由基聚合（ATRP）原理

活性聚合是一项非常重要的高分子化学应用技术,为满足不同类型的需求,可以合成预设计的结构和具有功能性的高分子材料[111-115]。但是其仍然存在如工艺条件要求高、不易控制、工业化实现难度大以及聚合物单体种类较少等缺点。经过对活性聚合的不断优化,终于在20世纪末,Krzysztof Matyjaszewski教授和干锦山博士提出了原子转移自由基聚合（ATRP）的概念[116-117]。ATRP反应中,引发剂中的卤原子在各体系间的游走,导致自由基的生长与终止处于基本的化学平衡态,从而达到聚合物可控的目标[118]。ATRP反应不仅可进行各种悬浮、乳液、本体聚合,而且具有可以合成各种带有特殊结构化合物的优点[119-120]。同时,条件可控,要求低,且反应方式多变等,从而研究人员可以轻松地通过ATRP

技术制备具有诸多优点的聚合物。

（1）ATRP反应体系中包含的多种重要影响因素

①反应单体。ATRP反应较其他活性聚合方法具备选择范围更广的聚合单体，这是其显著的优点，几乎不存在无法进行ATRP反应的带有共轭结构的烯烃类单体。在当前的科研工作中，已经成功应用于ATRP反应的单体多种多样，而不同的聚合物单体所发生ATRP反应的活性是不一样的，从而导致反应的自由基浓度、链增长速率等有显著的影响。

②引发剂。引发剂是ATRP反应至关重要的影响因素。与链增长反应相比，反应速率更快以及产生副反应的可能性尽可能小是作为ATRP引发剂必不可少的两个要素[120]。在早期的引发剂研究中发现，在分子结构上，含有具备削弱C—X（X代表卤原子）共价键强度和共轭效应的羰基、腈基等。同时，反向原子转移自由基聚合（RATRP）的发现拓宽了引发剂体系的选择范围。

③催化剂。目前应用最多的催化剂体系是过渡金属化合物，它是ATRP反应的核心。最早的催化体系主要成分是卤化亚铜，它与2，2-联二吡啶组成不均匀的催化体系，因此在反应中使用较为复杂。随着研究的深入，可溶性基团的引入解决了这一问题。同时，过渡金属的活性强弱也决定了催化效率[121]。因此，催化剂的选择是ATRP反应效果优劣的关键。

④溶剂。溶剂在ATRP反应中会严重影响反应体系中各个组分在体系中的状态，从而对反应速率、催化效率、平衡状态以及反应得到的聚合物产生影响[122-123]。

（2）改性方法

固体表面改性在微电子、生物医学、印刷和航空航天等领域均有广泛应用[124]。改性方法一般有以下两种。

①物理吸附。通过聚合物与材料之间的强相互作用，使聚合物能够附着到固体表面。

②共价键接枝。通过聚合物的端基与固体表面的基团产生化学反应，依靠化学键连接[125]。

③表面引发ATRP反应的过程主要分为：材料表面活化；通过偶联反应将带有氯硅烷或烷氧硅烷等基团的引发剂接入材料表面，通过ATRP反应实现材料表面功能化改性。

1.4.3　纳米纤维固定化酶的研究意义

以纳米纤维为基材，分别制备形态稳定、孔隙率高、负载能力强、底物扩散阻力低、具有良好生物亲和性的纳米纤维固定化酶。由于纳米纤维结构的特殊性，在化学改性时，纳米纤维形态极易被破坏，所以在纳米纤维表面引入功能性基团并应用于酶固定，既要维持其良好的纳米纤维形态又要使其具有理想的功能性，这是其难点所在。相关研究将有助于对纳米纤维改性的结构调控方法和反应机理的进一步认识。

参考文献

［1］刘锦淮，黄行九，等．纳米敏感材料与传感技术［M］．北京：科学出版社，2011．

［2］丁彬，俞建勇．功能静电纺纤维材料［M］．北京：中国纺织出版社，2019．

［3］ALIYEVA A Z，ABBASOV V M，ALIYEVA A E，et al．The aerobic oxidation of decalin and tetralin with presence of a metal-containing carbon nanofibers［J］．International Journal of Materials，Methods and Technologies，2015，9（1）：251–260．

［4］JUAN H，XIAO H L，GEN C，et al．Selective fabrication of porous iron oxides hollow spheres and nanofibers by electrospinning for photocatalytic water purification［J］．Solid State Sciences，2018，82：24–28．

［5］DONG W，MING C T，JIAN B S，et al．Direct fabrication of reduced graphene oxide/SnO$_2$ hollow nanofibers by single-capillary electrospinning as fast NO$_2$ gas sensor [J]. Journal of Nanomaterials, 2019, 2019: 1-7.

[6] YANG L, CHUN N D, XIAO H L, et al. Synthesis of silver nanofiber transparent electrodes by silver mirror reaction with electrospun nanofiber template [J]. Composite Interfaces, 2020, 28 (7): 683-692.

[7] WHITESIDES G M, GRZYBOWSKI B. Self-assembly at all scales [J]. Science, 2002, 295: 2418-2421.

[8] WANG S, LI T, CHEN C J, et al. Transparent, anisotropic biofilm with aligned bacterial cellulose nanofibers [J]. Advanced Functional Materials, 2018, 28 (24): 1707491.

[9] JIANG J X, ZHENG G F, WANG X, et al. Arced multi-nozzle electrospinning spinneret for high-throughput production of nanofibers [J]. Micromachines, 2019, 11 (1): 27.

[10] QC A, DJAB C, BL A, et al. Electrospinning of pure polymer-derived SiBCN nanofibers with high yield [J]. Ceramics International, 2021, 47 (8): 10958-10964.

[11] 凤权. 功能性纳米纤维的制备及固定化酶研究 [D]. 无锡: 江南大学, 2012.

[12] FORMHALS A. Process and apparatus for preparing of artificial threads: US, 1975504 [P]. 1934.

[13] SIMONS H L. Process and apparatus for producing patterned nonwoven fabrics: US, 3280229 [P]. 1966.

[14] NAGARAJAN M T, JASON R B, LAURALI C, et al. Unconfined fluid electrospun into high quality nanofibers from a plate edge [J]. Polymer, 2010, 5: 4928-4936.

[15] FRIDRIK H, YU S V, BRENNER J H, et al. Controlling the fiber diameter during electro-spinning [J]. Physical Review Letters, 2003, 90 (14): 144502/1-144502/4.

[16] RENEKER D H, CHUN I. Nanometer diameter fibers of polymer

produced by electrospinning [J]. Nanotechnology, 1996, 7 (3): 216-223.

[17] FONG H, LIU W D, WANG C S, et al. Generation of electrospun fibers of nylon 6 and nylon 6-montmorillonite nanocomposite [J]. Polymer, 2002, 43 (3): 775-778.

[18] FONG H, RENEKER D H. Elastomeric nanofibers of styrene-butadiene-styrene triblock copolymer [J]. Journal of Polymer Science Part B-Polymer Physics, 1999, 37 (24): 3488-3493.

[19] SPIVAK A F, DZENIS Y A, RENEKER D H. A model of steady state jet in the electrospinning process [J]. Mechanics Research Communications, 2000, 27 (1): 37-42.

[20] SERGEY V F, JIAN H Y, MICHAEL P B, et al. Controlling the fiber diameter during electrospinning [J]. Physical Review Letters, 2003, 90 (14): 144502.

[21] DARRELL H R, ALEXANDER L Y. Electrospinning jets and polymer nanofibers [J]. Polymer, 2008, (49): 2387-2425.

[22] 谢胜, 曾泳春. 电场分布对静电纺丝纤维直径的影响 [J]. 东华大学学报 (自然科学版), 2011, 37 (6): 677-682.

[23] RENEKER D H, YARIN A L, FONG H, et al. Bending instability of electrically charged liquid jets of polymer solutions in electrospinning [J]. Journal of Applied Physics, 2000, 87: 4531.

[24] YARIN A L, KOOMBHONGES S, RENEKER D H, et al. Bending instability in electrospinning of nanofibers [J]. Journal of Applied Physics, 2001, 89 (5): 3018-3026.

[25] THERO A, ZUSSMAN E, YARIN A L. Electrostatic field-assisted alignment of electrospun nanofibres [J]. Nanotechnology, 2001, 12: 384-390.

[26] HOU H Q, GE J J, ZENG J, et al. Electrospun polyacrylonitrile

nanofibers containing a high concentration of well-aligned multiwall carbon nanotubes [J]. Chemistry of Materials, 2005, 17: 967-973.

[27] LI D, WANG Y L, XIA Y N. Electrospinning of polymeric and ceramic nanofibers as uniaxially aligned arrays [J]. Nano Letters, 2003, 3: 1167-1171.

[28] TEO W E, GOPAL R, RAMASESHAN R, et al. A dynamic liquid support system for continuous electrospun yarn fabrication [J]. Polymer, 2007, 48: 3400-3405.

[29] WU Y, YU J Y, HE J H, et al. Controlling stability of the electrospun fiber by magnetic field [J]. Chaos Solitons and Fractals, 2007, 32: 5-7.

[30] YUE K Z, HUA T C, ZHOU Z, et al. Concentrated multi-nozzle electrospinning [J]. Fibers and Polymers, 2019, 20 (6): 1180-1186.

[31] SU Y, LI X Q, TAN L J, et al. Poly (L-lactide-co-3-caprolactone) electrospun nanofibers for encapsulating and sustained releasing proteins [J]. Polymer, 2009, 50: 4212-4219.

[32] OH H J, KIM S H, BAEK J Y, et al. Hydrodynamic micro-encapsulation of aqueous fluids and cells via "on the fly" photopolymerization [J]. Journal of Micromechanics and Microengineering, 2006, 16 (2): 285.

[33] 吴延鹏, 钟乔洋, 邢奕, 等. 静电纺丝纳米纤维膜空气过滤研究进展 [J]. 精细化工, 2021, 38 (8): 1530-1541.

[34] 罗磊, 朱超杰, 王仕飞, 等. 电纺聚丙烯腈纳米纤维复合膜的制备及过滤性能 [J]. 化工新型材料, 2021, 49 (6): 66-69.

[35] 赵伟, 王劭妤, 卫志美, 等. 空气过滤用聚芳硫醚砜/纳米二氧化硅复合静纺纳米纤维膜的制备及应用 [J]. 高分子材料科学与工程, 2020, 36 (10): 141-148.

［36］ZHANG D P, LI L J, SHAN Y H, et al. In vivo study of silk fibroin/ gelatin electrospun nanofiber dressing loaded with astragaloside IV on the effect of promoting wound healing and relieving scar ［J］. Journal of Drug Delivery Science and Technology, 2019, 52: 272-281.

［37］RANJBAR-MOHAMMADI M, RABBANI S, BAH RAMI S H, et al. Antibacterial performance and in vivo diabetic wound healing of curcumin loaded gum tragacanth/poly (ε–caprolactone) electrospun nanofibers ［J］. Materials Science and Engineering: C, 2016, 69: 1183-1191.

［38］KIM J H, CHOUNG P H, KIM I Y, et al. Electrospun nanofibers composed of poly (–caprolactone) and polyethylenimine for tissue engineering applications ［J］ Materials Science and Engineering C, 2009, 29: 1725-1731.

［39］YANG J. Progress in biodegradable polymer nanofibers as drug delivery systems ［J］. Chemical Industry Times, 2010, 24 (3): 33-37.

［40］CHEN Y J, ALFRED M, WANG Q Q, et al. Hierarchical porous nanofibers containing thymol/beta-cyclodextrin: Physico-chemical characterization and potential biomedical applications ［J］. Materials Science and Engineering C, 2020, 115: 111155.

［41］JINKE Y G, KE W G, DENG G Y. Electrospun Janus nanofibers loaded with a drug and inorganic nanoparticles as an effective antibacterial wound dressing ［J］. Materials Science and Engineering C, 2020, 111: 110805.

［42］SALMA F G, TAREK M M, SAAD M, et al. New polylactic acid/ cellulose acetate-based antimicrobial interactive single dose nanofibrous wound dressing mats ［J］. International Journal of Biological Macromolecules, 2017, 105: 1148-1160.

［43］SONG B T, WU C T, CHANG J. Dual drug release from electrospun poly (lactic-co-glycolicacid) mesoporous silica nanoparticles composite mats with distinct release proles［J］. Acta Biomaterialia, 2012, 8: 1901-1907.

［44］LI T, QU M H, CARLOS C, et al. High - performance poly (vinylidene difluoride) /dopamine core/shell piezoelectric nanofiber and its application for biomedical sensors［J］. Advanced Materials, 2020, 33 (3): 2006093.

［45］ZHANG M, HAN C, CAO W Q, et al. A nano-micro engineering nanofiber for electromagnetic absorber, green shielding and sensor［J］. Nano-Micro Letters, 2020, 13 (1): 27.

［46］LUOH R, THOMAS H H. Electrospun nanocomposite fiber mats as gas sensors［J］. Composite Science and Technology, 2006, 66: 2436-2441.

［47］WANG X, DREW C, LEE S H. Electrospun nanofibrous membranes for highly sensitive optical sensors［J］. Nano Letters, 2002, 2: 1273-1275.

［48］KATARZYNA S, PERENA G, SANFORD S. Electrospun biocomposite nanofibers for urea biosensing［J］. Sensors and Actuators B, 2005, 108: 585-588.

［49］JU S Y, ZHANG F L, DUAN J F, et al. Characterization of bacterial cellulose composite films incorporated with bulk chitosan and chitosan nanoparticles : A comparative study［J］. Carbohydrate Polymers, 2020, 237: 116167.

［50］于靖, 孙莺, 王鹏, 等. 细菌纤维素纳米纤维的改性及其复合材料研究进展［J］. 高分子通报, 2019 (5): 1-8.

［51］SHAH N, UL-ISLAN M, KHATTAK W A, et al. Overview of bacterial cellulose composites : A multipurpose advanced material［J］. Carbohydrate Polymers, 2013, 98: 1585-1598.

［52］王静, 徐俊青, 吴宁, 等. 细菌纤维素支架的复合改性及生物性能

［J］. 高分子材料科学与工程，2018，34（4）：94-98.

［53］黄婕妤，吕鹏飞，姚壹鑫，等. 细菌纤维素 / 涤纶无纺布自编织复合材料的制备及其性能［J］. 纺织学报，2018，39（2）：126-131.

［54］张雯，王学川，余婷婷，等. 细菌纤维素 / 聚乳酸复合膜制备及性能［J］. 精细化工，2018，35（10）：1695-1701.

［55］张秀菊，陈文彬，林志丹，等. 细菌纤维素负载 TiO₂ 复合材料的制备及其在印染废水处理方面的应用［J］. 化工新型材料，2010，38（10）：100-103.

［56］蒋国民，魏静，晁成，等. 细菌纤维素负载 TiO₂ 用于 DDNP 废水光催化降解研究［J］. 功能材料，2015，46（2）：2023-2027.

［57］ZHANG S C, LU X J. Treatment of wastewater containing reactive brilliant blue KN-R using BC/TiO₂ composite as heterogeneous photocatalyst and adsorbent［J］. Chemosphere, 2018, 206: 777-783.

［58］YANG L Y, CHEN C T, HU Y, et al. Three-dimensional bacterial cellulose/ polydopamine/TiO₂ nanocomposite membrane with enhanced adsorption and photocatalytic degradation for dyes under ultraviolet-visible irradiation［J］. Journal of Colloid and Interface Science, 2020, 562: 21-28.

［59］张丽，袁海彬，陈琳，等. 细菌纳米纤维素复合抗菌水凝胶敷料的性能研究［J］. 纤维素科学与技术，2019，27（2）：31-38，58.

［60］杨群，代正伟，董军，等. 细菌纤维素 / 聚乙烯醇 / 胶原蛋白复合膜的制备及表征［J］. 高分子材料科学与工程，2017，33（11）：178-182，190.

［61］ANA R P, FIGUEIREDOA G P R, NUNO H C S S, et al. Antimicrobial bacterial cellulose nanocomposites prepared by in situ polymerization of 2-aminoethyl methacrylate［J］. Carbohydrate Polymers, 2015, 123: 443-453.

［62］SAMIRA M, ATIYEH K, MEHRAB P, et al. Antibacterial properties of a bacterial cellulose CQD–TiO$_2$ nanocomposite [J]. Carbohydrate Polymers, 2020, 234: 115835.

[63] LUO Z H, JIE L, HAI L, et al. In situ fabrication of nano ZnO/BCM biocomposite based on MA modified bacterial cellulose membrane for antibacterial and wound healing [J]. International Journal of Nanomedicine, 2020, 15: 1–15.

[64] AYESHA K, ROMANA K, MAZHAR U, et al. Bacterial cellulose-zinc oxide nanocomposites as a novel dressing system for burn wounds [J]. Carbohydrate Polymers, 2017, 164: 214–221.

[65] 李鑫, 凤权, 武丁胜, 等. AOPAN–AA 纳米纤维的制备及其金属离子吸附性能 [J]. 东华大学学报（自然科学版）, 2017, 43（6）: 785–790.

[66] LIU X, CHEN H, WANG C C, et al. Synthesis of porous acrylonitrile/methyl acrylate copolymer beads by suspended emulsion polymerization and their adsorption properties after amidoximation [J]. Journal of Hazardous Materials, 2010, 175: 1014–1021.

[67] BAO J G, YUE C G, YAN B L. Preparation and chelation adsorption property of composite chelating material poly（amidoxime）/SiO$_2$ towards heavy metal ions [J]. Chemical Engineering Journal, 2010, 158（3）: 542–549.

[68] WIESZCZYCKA K, WOJCIECHOWSKA I, AKSAMITOWSKI P. Amphiphilic amidoxime ether as Cu（I）and Cu（II）extractant from waste etch solution [J]. Separation and Purification Technology, 2019, 215: 540–547.

[69] CHENG Y, HE P, DONG F, et al. Polyamine and amidoxime groups modified bifunctional polyacrylonitrile–based ion exchange fibers for highly efficient extraction of U（VI）from real uranium mine water [J]. Chemical Engineering Journal, 2019, 367: 198–207.

［70］LU S, CHEN L, HAMAZ M, et al. Amidoxime functionalization of a poly (acrylonitrile)/silica composite for the sorption of Ga（Ⅲ）: Application to the treatment of Bayer liquor［J］. Chemical Engineering Journal, 2019, 368: 459-473.

［71］廖师琴. 偕胺肟基 PAN 纳米纤维离子配合性能的研究［D］. 无锡: 江南大学, 2012.

［72］DA S A, DAGAR P, KUMAR S, et al. Effect of Au nanoparticle loading on the photo-electrochemical response of Au-P25-TiO$_2$ catalysts ［J］. Journal of Solid State Chemistry, 2020, 281: 121051.

［73］LYU J, ZHOU Z, WANG Y, et al. Platinum-enhanced amorphous TiO$_2$-filled mesoporous TiO$_2$ crystals for the photocatalytic mineralization of tetracycline hydrochloride［J］. Journal of Hazardous Materials, 2019, 373: 278-284.

［74］AMEDLOUS A, MAJDOUB M, AMATERZ E, et al. Synergistic effect of g-C$_3$N$_4$ nanosheets/Ag$_3$PO$_4$ microcubes as efficient n-p-type heterostructure based photoanode for photoelectrocatalytic dye degradation ［J］. Journal of Photochemistry and Photobiology a-Chemistry, 2021, 409: 113127.

［75］胡金燕. 纳米纤维基光催化复合材料的制备及其性能研究［D］. 芜湖: 安徽工程大学, 2020.

［76］王玉梅, 冀海伟, 常通, 等. Au/TiO$_2$ 复合物的制备及其增强光催化灭菌活性［J］. 化工进展, 2020, 39: 1857-1865.

［77］LIPEEKA R, ANIKET K L, SATISH K A, et al. Ionic liquid assisted combustion synthesis of ZnO and its modification by Au-Sn bimetallic nanoparticles: An efficient photocatalyst for degradation of organic contaminants［J］. Materials Chemistry and Physics, 2019, 233 (6): 339-353.

［78］肖颖冠, 孙孝东, 李霖昱, 等. 碳—氮共改性中空二氧化钛光催化

剂的同步合成及其高效的光催化行为和循环稳定性研究［J］. 催化学报, 2019, 40（5）: 765-775.

［79］BELDJEBLI O, BENSAHA R, OCAK Y S, et al. Synthesis and photocatalytic efficiency of sol-gel Al^{3+}-doped TiO_2 thin films: Correlation between the structural, morphological and optical properties ［J］. Materials Research Express, 2019, 6（8）: 085036.

［80］张国东. 聚合物载体固定化 TiO_2 光催化剂的研究进展［J］. 工业用水与废水, 2015, 46（4）: 8-11.

［81］霍炜江, 潘湛昌, 梁锡源, 等. 硝酸化粉煤灰负载二氧化钛光催化处理有机废水［J］. 工业水处理, 2013, 33（12）: 39-41, 48.

［82］DONG G Q, WANG Y N, LEI H Y, et al. Hierarchical mesoporous titania nanoshell encapsulated on polyimide nanofiber as flexible, highly reactive, energy saving and recyclable photocatalyst for water purification ［J］. Journal of Cleaner Production, 2020, 253: 120021.

［83］贾国强, 霍瑞亭, 李文君. 光催化自清洁涂层纺织品的制备［J］. 纺织学报, 2017, 38（5）: 93-97, 109.

［84］KAJAL G, CHRISTIAN A, ZDENKO S, et al. Electrospinning tissue engineering and wound dressing scaffolds from polymer-titanium dioxide nanocomposites ［J］. Chemical Engineering Journal, 2019, 358: 1262-1278.

［85］武丁胜. PAN 基功能性纳米纤维的制备及其固定化酶研究［D］. 芜湖: 安徽工程大学, 2017.

［86］UMRAN D K, AYSEGUL P. Fabrication of PVA-chitosan-based nanofibers for phytase immobilization to enhance enzymatic activity ［J］. International Journal of Biological Macromolecules, 2020, 164: 3315-3322.

［87］CEYHUN I, YASEMIN İ D, İLYAS D, et al. Zn^{2+} doped PVA composite electrospun nanofiber for upgrading of enzymatic properties of acetylcholinesterase [J]. Chemistry Select, 2020, 5 (45): 14380–14386.

[88] SATO T, MORI S, SEPTIYANTI M, et al. Preparation and characterization of cellulose nanofiber cryogels as oil absorbents and enzymatic lipolysis scaffolds [J]. Carbohydrate research, 2020, 493: 108020.

[89] FAN Y S, TIAN X K, ZHENG L B, et al. Yeast encapsulation in nanofiber via electrospinning: Shape transformation, cell activity and immobilized efficiency [J]. Materials Science & Engineering. C, Materials for Biological Applications, 2021, 120: 111747.

[90] YAO J J, FANG W W, GUO J Q, et al. Highly mineralized biomimetic polysaccharide nanofiber materials using enzymatic mineralization [J]. Biomacromolecules, 2020, 21 (6): 2176–2186.

[91] CHEN H Y, CHENG K C, HSU R J, et al. Enzymatic degradation of ginkgolic acid by laccase immobilized on novel electrospun nanofiber mat [J]. Journal of the Science of Food and Agriculture, 2020, 100 (6): 2705–2712.

[92] GANG P, CHUN X Z, BAI L L, et al. Immobilized trypsin onto chitosan modified monodisperse microspheres: A different way for improving carrier's surface biocompatibility [J]. Applied Surface Science, 2012, 258 (15): 5543–5552.

[93] SEBANIA L, MANUELA F, VENERA A. Experimental characterization of proteins immobilized on Si–based materials [J]. Microelectronic Engineering, 2007, 84: 468–473.

[94] LIN L, YONG X B, YAN F L, et al. Study on immobilization of lipase onto magnetic microspheres with epoxy groups [J]. Journal of Magnetism and Magnetic Materials, 2009, 321 (4): 252–258.

[95] MANRHISIYAPPAN S, CHENG K L. Polydopamine coated magnetic–

chitin（MCT）particles as a new matrix for enzyme immobilization［J］. Carbohydrate Polymers，2011，84（2）：775-780.

［96］JAE-MIN P，MINA K，JU-YONG P，et al. Immobilization of the cross-linked para-nitrobenzyl esterase of Bacillus subtilis aggregates onto magnetic beads［J］. Process Biochemistry，2010，45（2）：259-263.

［97］YILMAZ E，ERBAS Z，SOYLAK M. Hydrolytic enzyme modified magnetic nanoparticles：An innovative and green microextraction system for inorganic species in food samples［J］. Analytica Chimica Acta，2021，1178（2）：338808.

［98］YONG L，SHAO Y J，QIAN W，et al. Studies of Fe_3O_4-chitosan nanoparticles prepared by co-precipitation under the magnetic field for lipase immobilization［J］. Catalysis Communications，2011，12（8）：717-720.

［99］苏丽访，王翠娥，蔡再生，等. 聚多巴胺改性自支撑碳纤维固定化酶研究［J］. 国际纺织导报，2020，48（8）：32-36，46.

［100］高丰琴，刘亭，王晓芳，等. 核—壳型 Fe_3O_4/Au 定向固定葡萄糖氧化酶研究［J］. 化学研究与应用，2021，33（6）：1058-1063.

［101］张群华，范小平，刘媛，等. 静电纺 PU 纳米纤维膜及其固定化酶的研究［J］. 应用化工，2021，50（7）：1870-1874.

［102］王宁，王翠娥. 聚合物刷改性的纳米纤维在固定化脂肪酶中的应用［J］. 河南工程学院学报（自然科学版），2018，30（1）：27-31.

［103］ZHEN G W，ZHI K X，HUANG X J，et al. Enzyme immobilization on electrospun polymer nanobers：An overview［J］. Journal of Molecular Catalysis B：Enzymatic，2009，56：189-195.

［104］YU Y，JIANG H L. Study of lipase immobilization on the exchange resin by adsorption［J］. Journal of Food Science and Biotechnology，2007，26（4）：97-100.

［105］TANG S S，YI J R，DING Y. Immobilization of tyrosinase in agarembedding [J]. Science and Technology of Food Industry, 2010, 9: 188-191.

[106] CHEN G S, KOU X X, HUANG S, et al. Modulating the biofunctionality of metal-organic-framework - encapsulated enzymes through controllable embedding patterns [J]. Angewandte Chemie, 2020, 132 (7): 2889-2896.

[107] CHEN Z C, CHANG T L, LIOU D S, et al. Fabrication of a bio-inspired hydrophobic thin film by glutaraldehyde crosslinking electrospun composite self-cleaning nanofibers [J]. Materials Letters, 2021, 298: 129975.

[108] 孙丹丹, 宋守欣, 王红霞. Cu²⁺ 修饰低固载量固定化漆酶的活性研究 [J]. 化学工程师, 2015, 29 (3): 14-17.

[109] 夏峰. Cu (II) 改性 SBA-16 固定化漆酶的研究 [J]. 山东化工, 2020, 49 (17): 46-47.

[110] BAYRAMOLU G, YILMAZ M, YAKUP A M. Reversible immobilization of laccase to poly (4-vinylpyridine) grafted and Cu (II) chelated magnetic beads : Biodegradation of reactive dyes [J]. Bioresource Technology, 2010(101): 6615-6621.

[111] 李鑫. 基于 ATRP 技术的功能性纳米纤维制备及其应用研究 [D]. 芜湖: 安徽工程大学, 2018.

[112] 牟思阳, 郭静, 齐善威, 等. 原子转移自由基聚合在分子结构设计中的应用进展 [J]. 高分子通报, 2015(11): 28-34.

[113] ZENG S, SHI J W, FENG A C, et al. Modification of electrospun regenerate cellulose nanofiber membrane via atom transfer radical polymerization (ATRP) approach as advanced carrier for laccase immobilization [J]. Polymers, 2021, 13 (2): 182.

[114] LU Z, YANG H J, FU X L, et al. Fully-π conjugated covalent organic frameworks as catalyst for photo-induced atom transfer radical

polymerization with ppm-level copper concentration under LED irradiation [J]. European Polymer Journal, 2021: 110670.

[115] LIU J, WANG T T, LUO Z H, et al. In silico mechanically mediated atom transfer radical polymerization: A detailed kinetic study [J]. Aiche Journal, 2021: 17151.

[116] WANG J S, MATYJASZEWSKI K. Controlled/ "living" radical polymerization. Atom transfer polymerization in the presence of transition-metal complexes [J]. Journal of the American Chemical Society, 1995, 117: 5614–5615.

[117] WANG J S, MATYJASZEWSKI K. Controlled/ "living" radical polymerizat ion. Halogen atom transfer radical polymerization promoted by a Cu(Ⅰ)/Cu(Ⅱ)redox process[J]. Macromolecules, 1995, 28: 7901–7910.

[118] FENG Q, HOU D Y, ZHAO Y, et al. Electrospun regenerated cellulose nanofibrous membranes surface: grafted with polymer chains/ brushes via the atom transfer radical polymerization method for catalase immobilization [J]. Applied Materials and Interfaces, 2014, 6: 20958–20967.

[119] 倪才华, 陈明清, 刘晓亚, 等. 活性自由基聚合中活性种与休眠种的电子效应对平衡的影响 [J]. 高分子通报, 2015(4): 81–85.

[120] 施展. 引发剂结构对原子转移自由基聚合反应的影响分析 [J]. 化工管理, 2017, 33: 49.

[121] 杨静仪, 周雪松. 原子转移自由基聚合方法制备的半纤维素基水凝胶及其性能 [J]. 高分子材料科学与工程, 2014, 30(1): 21–25.

[122] 王少云, 张志刚, 张建平, 等. 原子转移自由基聚合法亲水改性超大孔聚苯乙烯微球 [J]. 高分子材料科学与工程, 2015(6): 181–184.

[123] YANG Q, DUMUR F, MORLET S F, et al. Photocatalyzed Cu-based ATRP

involving anoxidative quenching mechanism under visible light [J]. Macromolecules, 2015, 48（7）: 1972-1980.

[124] SONG Y, YE G, LU Y, et al. Surface-initiated ARGET ATRP of poly（glycidyl methacrylate）from carbon nanotubes via bioinspired catechol chemistry for efficient adsorption of uraniumions [J]. ACS Macro Letters, 2016, 5（3）: 382-386.

[125] YAN J, PAN X, SVHMITT M, et al. Enhancing initiation efficiency in metal-free surface initiatedatom transfer radical polymerization（SI-ATRP）[J]. ACS Macro Letters, 2016, 5（6）: 661-665.

第2章 功能性纳米纤维膜在重金属离子吸附中的应用

2.1 引言

当前，随着科学技术的快速发展，人们生活水平日益提高的同时也出现了越来越多的环境污染问题[1]。其中，金属离子造成的水体污染引起了人们广泛的关注[2]。金属离子已经成为水体污染的主要来源之一，含金属离子的废水处理逐渐成为环境科学以及相关研究领域的重点问题[3]。近年来，国内外科研工作者对含金属离子废水的处理进行了大量的研究，目前常用去除废水中金属离子的方法有还原法、离子交换法、电解法、化学絮凝沉淀法和吸附法等，其中，吸附法由于去除效率高、具备较强的可操作性而成为人们研究的热点之一。常用的吸附剂主要有黏土、活性炭、分子筛和生物吸附剂等[4-5]。

静电纺丝作为目前制备纳米纤维最有效的手段之一被广泛应用，静电纺丝制备的纳米纤维直径从微米级到纳米级，由静电纺纳米纤维随机收集形成的非织造膜，具有巨大的比表面积，而且孔隙率高，孔洞相连。这些优良的特性使得静电纺纳米纤维在酶固定、离子吸附、药物缓释、组织工程、传感、生物燃料电池、膜生物反应器等诸多领域具有极大的潜在应用价值[6-8]。

偕胺肟类材料是一类含有偕胺肟基团的高分子聚合物，偕胺肟基团与大多数重金属离子都可以配位，如锕系元素、镧系元素、过渡金属和部分普通金属，因此受到广泛关注。纤维形态的偕胺肟材料具有比表面积大、吸附容量高、吸附速度快、选择性好、易洗脱、再生性能好等优点。偕胺肟纤维作为一种高性能吸附材料在工业废水处理以及金属离子富集、回收等方面有着较多的应用研究，并被认为是吸附和分离材料的主要发展方向[9-10]。

聚丙烯腈（PAN）纤维的商品名为腈纶，聚丙烯腈大分子链上含有强极性的氰基，氰基很强的诱导效应将聚丙烯腈大分子中叔碳原子的碳氢键极化，形成分子间的偶极作用，导致聚丙烯腈分子结构紧密，因而具有良好的物理和化学稳定性。聚丙烯腈分子中大量的氰基，易于转化为酰胺基、羧基、偕胺肟基等，为化学改性奠定了基础。多年来，以聚丙烯腈纤维为对象进行功能化改性，受到研究者的青睐。研究中以普通聚丙烯腈纤维为基体，制备偕胺肟聚丙烯腈（AOPAN）纤维并分析其金属离子配合性能。但对纳米尺度的纤维来说，其改性条件和吸附过程中的动力学、热力学过程将与常规纤维有很大差异，对纳米纤维的改性研究，将具有一定的理论意义和实际应用价值[11-13]。

2.2　PU/AOPAN/RC 复合纳米纤维膜的制备及其金属离子吸附性能

功能性AOPAN是以PAN为基体，在特定条件下，通过与盐酸羟胺发生偕胺肟化反应所制备。AOPAN是依靠偕胺肟基团上的N、O原子与金属离子进行螯合吸附，从而使其具有良好的金属离子吸附性能，但由于纳米纤维膜上该基团数量有限，故其对重金属离子吸附能力具有一定的局限性[14-17]。再生纤维素（RC）是由醋酸纤维素（CA）在碱性条件下通过水解改性制得，对重金属离子也具备一定的吸附性能。本课题组前期研究了AOPAN/RC复合纳米纤维膜对高浓度重金属离子的静态吸附性能，并未详细研究其对微量重金属离子的动态吸附效果，且该复合纳米纤维膜的力学性能不佳，因此限制其进一步推广[18-19]。

为使废水过滤后金属离子浓度达到饮用水质标准（GB 5749—2006），且提高复合纳米纤维膜的力学性能，研究时在原有的基础上加入聚氨酯（PU），采用静电纺丝和化学改性制备PU/AOPAN/RC复合纳米纤维膜，并以此作为分离膜，构建动态过滤系统，测定其对微量Fe^{3+}离子的动态吸附性能。同时，本实验在膜层数和Fe^{3+}离子浓度方面对分离膜的动态吸附性能进行了详细研究[20]。

2.2.1 PU/AOPAN/RC复合纳米纤维膜的制备

采用自制高压静电纺丝机（包括注射器、高压电源、滚筒接收装置等）制备所需纳米纤维膜。首先准确称取聚丙烯腈（PAN）、聚氨酯（PU）和醋酸纤维素（CA）并溶于N, N-二甲基甲酰胺（DMF）溶剂中，配制总质量分数为10%的纺丝液。将PAN/PU/CA复合纺丝液放于注射器中，并将注射器连接于高压直流电源，采用滚筒接收PAN/PU/CA复合纳米纤维（滚筒与地线相接）。纺丝电压为18kV、接收距离为18cm、纺丝溶液体积流量为0.50mL/h。将收集的复合纳米纤维膜在40℃条件下置于真空干燥箱中烘干，备用。将制备好的纳米纤维膜放于NaOH溶液中反应，待反应结束后取出清洗，得到PU/PAN/RC复合纳米纤维膜。将PU/PAN/RC复合纳米纤维膜放入适宜浓度的盐酸羟胺溶液中反应2h，待反应结束后用蒸馏水清洗，烘干，得到PU/AOPAN/RC复合纳米纤维膜[20]。

采用日本日立S-4800扫描电子显微镜对纳米纤维微观形貌进行表征与分析，结果如图2-1所示，在同等放大倍率下，PU/PAN/CA复合纳米纤维均匀性良好，平均直径在200～400nm；水解改性后，纤维均匀性保持良好，直径变化不明显；经偕胺肟改性后，其直径分布均匀性明显下降。经动态吸附实验后，纤维表面粗糙，直径显著增大，平均直径在300～500nm。原因是纤维经化学改性后，表面引入大量的功能性基团（羟基、偕胺肟基团等），与Fe^{3+}螯合形成离子配合物，且纤维在动态吸附过程中发生"溶胀"现象。

为探究不同纳米纤维膜在改性过程中其化学结构的变化，实验通过傅里叶红外光谱仪对PU/PAN/CA、PU/PAN/RC和PU/AOPAN/RC复合纳米纤维膜进行测试，结果如图2-2所示[23]。由图2-2可知，PU/PAN/RC和PU/AOPAN/RC在3449.58cm^{-1}附近出现明显的吸收峰，即羟基（O—H）的

(a) PU/PAN/CA复合纳米纤维　　　　　　(b) PU/PAN/RC复合纳米纤维

(c) 吸附Fe^{3+}前的PU/AOPAN/RC复合纳米纤维　　(d) 吸附Fe^{3+}后的PU/AOPAN/RC复合纳米纤维

图 2-1　复合纳米纤维的 SEM 图

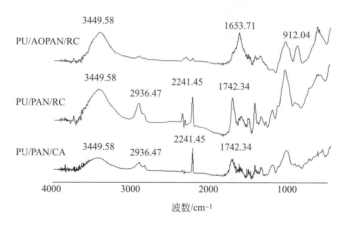

图 2-2　不同复合纳米纤维膜的红外光谱图

特征峰。同时，图中PU/PAN/CA、PU/PAN/RC在2241.45cm^{-1}和1742.34cm^{-1}附近均出现显著的吸收峰，它们分别为PAN中氰基（—C≡N）和酯羰基（C=O）的特征峰，从PU/AOPAN/RC红外谱线中可以看出，两种特征峰均明显减弱，表明经过偕氨肟化改性后—C≡N和C=O均大幅减少。另外，相较于PU/PAN/CA和PU/PAN/RC，PU/AOPAN/RC中又分别在1653.71cm^{-1}和912.04cm^{-1}附近出现吸收峰，是经偕胺肟化改性得到的C=N和N—O所对应的特征峰。由此分析可知，经水解改性后，复合纳米纤维膜的表面成功地生成了羟基，再经偕胺肟化改性后，使得部分氰基成功转化为偕胺肟基团，从而PAN转化为AOPAN。

为测试复合纳米纤维膜的力学性能，在类似的研究中采用WDW-20型电子万能试验机，将不同的复合纳米纤维膜进行拉伸力学性能测试，结果如图2-3所示。由图2-3可知，加入PU后复合纳米纤维膜的断裂强力与断裂伸长率均有所增强，其力学性能整体得到一定程度的提升[23]。

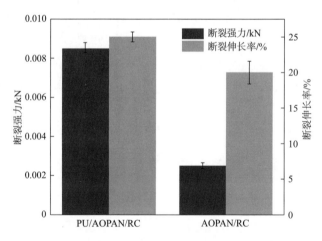

图2-3　不同复合纳米纤维膜的拉伸力学性能

在相关的研究中，通过静态接触角测量仪对改性前后复合纳米纤维膜的亲水性进行测试，结果见表2-1。由表2-1可知，PAN/CA/PU复合纳米纤维膜具备一定的亲水性能，比纯PAN纳米纤维膜良好，这是由于CA的引入使得纳米纤维具备一定的羟基。经水解及偕胺肟化改性后，复合纳米纤维膜的浸润性能得到了明显的改善，良好的浸润性能有利于其在重金属离子动态吸附领域的应用[23]。

表 2-1　复合纳米纤维膜动态接触角

名称	前进接触角 θ_1/(°)	前进接触角标准偏差	后退接触角 θ_2/(°)	后退接触角标准偏差	接触角滞后值 $\Delta\theta$/(°)	接触角滞后值标准偏差
PAN/CA/PU	67.67	0.76	63.02	0.51	4.65	0.61
AOPAN/RC/PU	43.93	0.68	42.32	0.31	1.61	0.37

2.2.2　PU/AOPAN/RC 复合纳米纤维膜分离系统的构建和吸附性能

为研究 PU/AOPAN/RC 复合纳米纤维膜的动态吸附过滤性能，将静电纺丝技术和化学改性制备的 PU/AOPAN/RC 复合纳米纤维膜作为分离膜构建动态分离系统，如图 2-4 所示。采用锦纶导流网作为支撑层，再将分离膜覆盖于上层，已知浓度的微量 Fe^{3+} 溶液在一定压力下透过复合纳米纤维膜，以探究复合纳米纤维膜对微量 Fe^{3+} 溶液的动态吸附性能[20]。

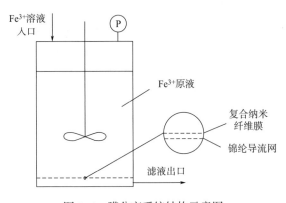

图 2-4　膜分离系统结构示意图

为了探究膜层数对其动态吸附性能的影响，在液柱高度为 8cm、膜面积为 12.56cm^2、初始 Fe^{3+} 浓度为 5mg/L 的条件下，依次增加复合纳米纤维膜的层数，测试膜层数与 Fe^{3+} 动态吸附率和溶液流速之间的关系曲线，测试结果如图2-5所示[23]。由图2-5中可以看出，在膜层数较低时，流速随着膜层数的增加而减小，但动态吸附率随着膜层数的增加而增加，在膜层数为5层以后，动态吸附率趋于平稳，达到100%，对Fe^{3+}具备高效的动态吸附性能。

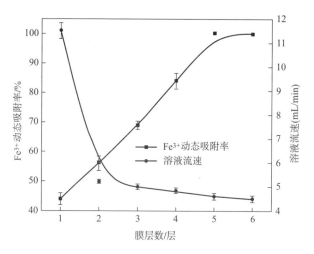

图 2-5　膜层数对 Fe^{3+} 动态吸附率和溶液流速的影响

为探究初始浓度对动态吸附性能的影响，在相同条件下，以膜层数为5层，依次改变Fe^{3+}溶液的初始浓度，得到动态吸附率与时间的关系曲线如图2-6[23]所示。随着时间的推移，动态吸附率逐渐减小，说明纳米纤维膜的过滤性能逐渐衰减，且0～15min内衰减速率明显高于15min后。这是由于吸附初始阶段，膜表面未吸附Fe^{3+}的位点较多，初始速度较快，随着吸附时间的延长，该位点减少，且离子所带正电荷产生的空间阻力会影响纳米纤维膜的吸附效果。此外，在同一时刻，当初始浓度增加时，动态吸附率随之降低。这是由于当浓度升高时，单位时间内通过单位膜面积的Fe^{3+}数量增加，其可被吸附的位点数有限。因此，综合上述分析，以初始浓度为300mg/L、时间为15min后探讨动态效果最佳。

重复使用性能是纳米纤维膜的一个重要性能。为了测试重复使用性能，准确配制浓度为0.1mol/L的盐酸溶液，并将经动态吸附体积为1L、浓度为0.50mg/L溶液后得到的Fe^{3+}–AOPAN/RC/PU金属配合纳米纤维膜浸入，在

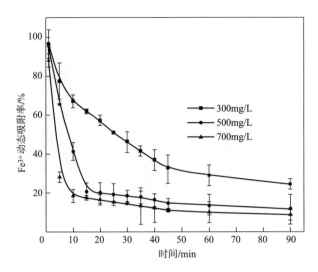

图2-6　不同初始浓度下动态吸附率与时间的关系曲线

温度为25℃、振荡速度为120r/min的恒温水浴振荡器中进行解吸反应，反应时间为2h，从而去除该材料上的Fe^{3+}。通过去离子水将解吸后的纳米纤维膜进行多次水洗至中性，使纳米纤维膜得到再生，重新具备对Fe^{3+}的动态吸附性能。然后将其再一次用于对相同体积和浓度的Fe^{3+}溶液的动态配合并解吸，从而测试该材料对Fe^{3+}溶液动态吸附的重复使用性能。

在相关的研究中，本课题组在同样条件下通过紫外分光光度法测试过滤前后溶液中Fe^{3+}的浓度，将测定数据通过计算得出相应的动态吸附率以及相应的解吸率[23]，如图2-7所示。

由图2-7可知，经首次吸附—解吸实验后，得到纳米纤维膜对Fe^{3+}的动态吸附率为100%，解吸率为90%；经三次吸附—解吸循环实验后，纳米纤维膜对Fe^{3+}的动态吸附率超过99%，解吸率达到85%，说明AOPAN/RC/PU复合纳米纤维膜对Fe^{3+}吸附过程具备良好的重复使用性能。

研究测试了金属离子吸附的动态过程，采用Thomas及Yoon-Nelson两种动力学模型对测试数据进行拟合[22]。Thomas模型在1944年由Thomas提出，是以Langmuir动力学方程为基础的一种研究柱状吸附床的吸附动力学模型，可计算Fe^{3+}的平衡吸附量及吸附速率常数，计算过程见下式：

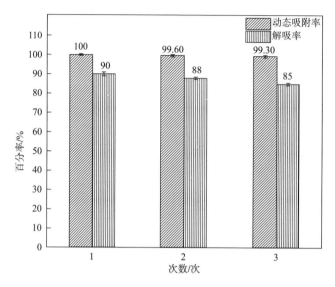

图 2-7　AOPAN/RC/PU 复合纳米纤维膜对 Fe^{3+} 的重复使用性

$$\ln\left(\frac{p_0}{p_1}-1\right)=\frac{K_{\text{Th}}q_e m}{q_v}-K_{\text{Th}}p_0 t \qquad （2-1）$$

式中：p_0——初始 Fe^{3+} 浓度，mg/L；

$\qquad p_1$——滤液中 Fe^{3+} 浓度，mg/L；

$\qquad K_{\text{Th}}$——吸附速率常数，10^{-3}L/（min·mg）；

$\qquad q_v$——流速，mL/min；

$\qquad q_e$——平衡吸附量，mg/g；

$\qquad t$——动态吸附时间，min；

$\qquad m$——纳米纤维膜的质量，g。

Yoon-Nelson 模型比 Thomas 模型简单，对吸附质的物理特征和吸附剂的种类、特征没有限制。该模型表达式见下式：

$$\ln\frac{p_1}{p_0-p_1}=K_{\text{YN}}(t-\alpha) \qquad （2-2）$$

式中：K_{YN}——速率常数，min^{-1}；

$\qquad \alpha$——吸附50% Fe^{3+} 所需的时间，min。

由式（2-2）所得α值代入下式并通过计算可求得平衡吸附量：

$$q_e = p_0 q_v \alpha / m \qquad (2-3)$$

Thomas模型的吸附速率常数K_{Th}与流速、纳米纤维膜质量和初始离子溶液浓度有关，Yoon-Nelson模型的吸附速率常数K_{YN}与α有关，吸附平衡常数越大，平衡吸附量越高，表明材料的吸附性能越好[23]。在上述条件下，当初始Fe^{3+}浓度为300mg/L时，分别依据Thomas模型和Yoon-Nelson模型公式作图，并将实验数据进行线性拟合，如图2-8所示。根据图中直线的截距与斜率推算得出相关参数，见表2-2[23]。其中，Yoon-Nelson模型计算得到吸附50%金属离子所需时间α为25.17min。

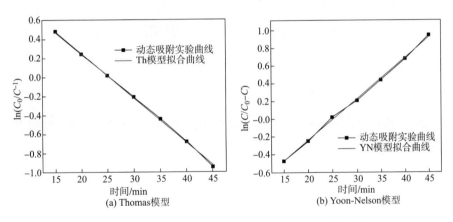

图2-8　Thomas和Yoon-Nelson两种模型的动态拟合曲线

表2-2　动态吸附拟合相关参数

吸附动态模型	Thomas 模型	Yoon-Nelson 模型
拟合方程	$Y=-0.04684X+1.186$	$Y=0.04656X-1.1719$
相关系数	0.9992	0.9985
吸附平衡常数	$K_{Th}=0.1565 \times 10^{-3}$ L/（min·mg）	$K_{YN}=0.0466 min^{-1}$
平衡吸附量	116.95mg/g	113.27mg/g

由图2-8和表2-2可知，纳米纤维膜对Fe^{3+}的平衡吸附量分别为116.95mg/g（Thomas模型）和113.27mg/g（Yoon-Nelson模型），且两种动态吸附模型

拟合的相关系数均超过了0.99，说明两种模型均可准确地模拟纳米纤维膜与Fe^{3+}之间的动态吸附过程。

经化学改性后的PU/AOPAN/RC复合纳米纤维膜具备良好的纤维形态，膜表面分布有丰富的功能性基团；加入PU后，纳米纤维膜的力学性能得到一定程度的提升，增强其在微量金属离子动态过滤中的实际应用性；在液柱高度为8cm、膜面积为12.56cm²、初始浓度为5mg/L的条件下，动态吸附率最高可达100%，流速为4.6mL/min；经复合纳米纤维膜对Fe^{3+}的动态吸附实验发现，在15min后探究其吸附效果最佳；Thomas和Yoon-Nelson两种模型对吸附数据拟合表明，二者均可准确地模拟该动态吸附过程。且复合纳米纤维膜对Fe^{3+}的平衡吸附量分别为116.95mg/g（Thomas模型）和113.27mg/g（Yoon-Nelson模型），动态吸附性能优异，具备潜在的应用价值[23]。

2.3　AOPAN-AA 纳米纤维膜的制备及其金属离子吸附性能

胺肟基化合物作为一类重要的多用途有机化合物被广泛应用于金属离子废水处理中，原子转移自由基聚合（ATRP）是目前为止极具工业化前景的"活性"可控自由基聚合方法之一，不但可以得到相对分子质量分布窄、相对分子质量可控、结构清晰的聚合物，而且可聚合的单体种类多，反应条件温和易控制[24-27]。研究中，一般根据下式计算偕胺肟转化率[28]。

$$\eta = \frac{(W_1 - W_0) \times M_1}{W_0 \times M_2} \times 100\% \qquad (2-4)$$

式中：W_0——PAN纳米纤维膜的干燥质量，g；

$\quad\quad W_1$——AOPAN纳米纤维膜的干燥质量，g；

$\quad\quad M_1$——PAN大分子中链节—CH_2—CH（CN）—的相对分子质量，

$\quad\quad\quad\quad$数值为53；

M_2——羟氨分子（NH_2OH）的相对分子质量，数值为33。

本课题组利用ATRP的方法在AOPAN纳米纤维上接枝丙烯酸单体，并进一步研究其金属离子吸附性能[29]。

2.3.1 AOPAN–AA 纳米纤维膜的制备

为制备AOPAN–AA纳米纤维膜，先将PAN溶于DMF溶剂中配制质量分数为11%的静电纺丝液，采用自制静电纺丝装置制备纳米纤维膜。将制备好的PAN纳米纤维放于盐酸羟胺溶液中浸泡2h，再用蒸馏水清洗，干燥，制备得到AOPAN纳米纤维，同时精确称量反应后纳米纤维的质量。再将制备好的AOPAN纳米纤维进行ATRP改性处理，反应开始前，将AOPAN纳米纤维放入三乙胺、四氢呋喃和2–BIB混合溶液中，完成引发过程，反应结束后，将纳米纤维取出放置在四氢呋喃中保存。将蒸馏水、氢氧化钠、氯化钠、丙烯酸和1，4，8，11–四氮杂环十四烷加入到反应容器中，用氮气鼓泡后，将氯化亚铜和完成引发过程的AOPAN纳米纤维加入到混合液体中，在室温下反应6h，反应结束后将AOPAN纳米纤维取出并清洗、干燥[29]。

实验中，利用扫描电镜分别对PAN、AOPAN和AOPAN–AA纳米纤维的微观形貌进行表征和分析，结果如图2–9所示。由图2–9可以看出，静电纺丝制得的PAN纳米纤维形态良好，条干均匀，表面光洁；胺肟化改性得到的AOPAN纳米纤维保持着良好的纤维形态和均匀的分布，但是纤维表面明显变得粗糙；ATRP接枝得到的AOPAN–AA纳米纤维依然保持着良好的纤维形态，表面具有大量的接枝物，且直径较PAN、AOPAN纳米纤维有略微的增加。

实验采用日本岛津IR Prestige–21傅里叶红外光谱仪，采用溴化钾压片制样法对PAN、AOPAN和AOPAN–AA纳米纤维进行红外光谱分析。测试结果如图2–10所示[29]。可以看出，经过胺肟化改性得到的AOPAN纳米纤维在波数3650～3150cm^{-1}出现吸收峰，这是偕胺肟基团上N—H键和O—H键的伸缩振动吸收峰；PAN纳米纤维经过胺肟化改性后在波数为1643.07cm^{-1}处出现新的吸收峰，是C=N键的伸缩振动吸收峰，与未改性

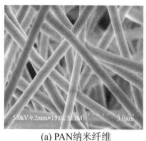 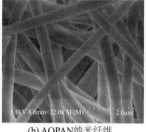 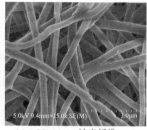

(a) PAN纳米纤维　　　　(b) AOPAN纳米纤维　　　　(c) AOPAN-AA纳米纤维

图 2-9　不同纳米纤维的扫描电镜图

的PAN纳米纤维相比，AOPAN纳米纤维在2240.96cm⁻¹处的氰基特征吸收峰发生明显减弱。由此能够判断，PAN纳米纤维经过胺肟化改性，部分氰基已经成功转化为偕胺肟基，经ATRP改性得到的AOPAN-AA纳米纤维在波数1724.40cm⁻¹处出现吸收峰，是AOPAN纳米纤维成功接枝丙烯酸后C＝O键的吸收峰。

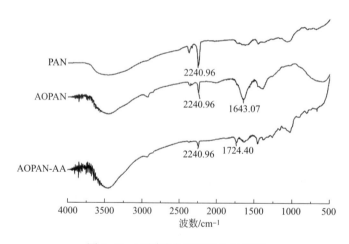

图 2-10　不同纳米纤维红外光谱图

2.3.2　AOPAN-AA 纳米纤维膜的吸附性能

为充分研究该纳米纤维膜对金属离子的吸附性能，将AOPAN-AA纳米纤维称重后放入浓度为100mmol/L的氯化高铁、硫酸铜、氯化镉、氯化铬溶液中，在25℃摇床上振荡24h（转速为120r/min），待反应结束后再用去离子水充分洗涤，利用电感耦合等离子体发射光谱仪测定反应前后溶液离子浓度，并计算其金属离子吸附量，过程见下式：

$$Q = \frac{C_0V_0 - C_1V_1}{M_d} \quad\quad (2-5)$$

式中：Q——单位质量的干燥纳米纤维的吸附量，mmol/g；

C_0，C_1——溶液中金属离子的初始浓度及吸附后的浓度，mmol/L；

V_0，V_1——吸附前、后金属离子液体的体积，L；

M_d——化学改性后纳米纤维的干重，g。

表2-3反映的是AOPAN纳米纤维在金属离子液体中24h的金属离子吸附量。图2-11反映了Fe^{3+}、Cu^{2+}、Cd^{2+}、Cr^{3+}初始浓度为100mmol/L时，AOPAN-AA纳米纤维在不同时间段对金属离子的吸附量[29]。通过图2-12可以看出，AOPAN-AA纳米纤维对四种金属离子的吸附能力不同，四种金属离子的配合量依次为$Fe^{3+}>Cu^{2+}>Cd^{2+}>Cr^{3+}$，与表2-3对比可知，经ATRP改性后得到的AOPAN-AA纳米纤维的金属离子吸附能力明显优于AOPAN纳米纤维。同时，AOPAN-AA纳米纤维对金属离子的吸附量在前2h迅速增加，2h之后增加速率逐渐减缓，当吸附时间达到8h后，吸附量逐渐趋于平衡。这是由于AOPAN-AA纳米纤维吸附金属离子主要是依靠纤维膜上通过ATRP接枝的羧酸基团与金属离子发生吸附反应。在吸附反应初期，纳米纤维膜上有大量的吸附位点与金属离子配合，且金属离子浓度较高，因而吸附速度较快。当吸附反应进行一段时间之后，金属离子浓度降低，纳米纤维膜上的配合位点大部分都已被占据，从而导致吸附速率减弱，吸附量逐渐趋于平衡。

表 2-3 AOPAN 纳米纤维 24h 金属离子吸附量

金属离子	Fe^{3+}	Cu^{2+}	Cd^{2+}	Cr^{3+}
吸附量 /（mmol/g）	1.717	0.879	0.509	0.465

为了分析不同金属离子初始浓度对AOPAN-AA纳米纤维吸附金属离

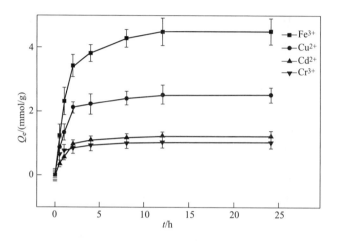

图 2-11　AOPAN 纳米纤维对 Fe^{3+}、Cu^{2+}、Cd^{2+}、Cr^{3+} 的吸附性能

子量的影响，将AOPAN-AA纳米纤维放入初始浓度不同的氯化高铁、硫酸铜、氯化镉、氯化铬溶液中，在25℃下摇床振荡24h（转速为120r/min），再用去离子水充分洗涤。分别测定纳米纤维对四种金属离子的配合量，得到AOPAN-AA纳米纤维对四种金属离子的吸附等温线，结果如图2-12所示[29]。由图2-12可知，随着金属离子浓度的上升，AOPAN-AA纳米纤维的金属离子配合量逐渐增长，且增长速率较快，但随着金属离子浓度地持续上升，纳米纤维对金属离子的配合量增长速率趋缓，这是由于AOPAN-AA

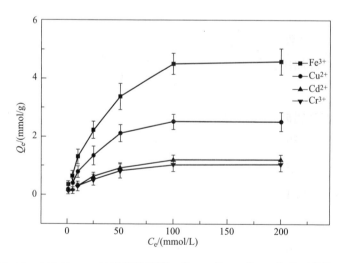

图 2-12　AOPAN-AA 纳米纤维吸附 Fe^{3+}、Cu^{2+}、Cd^{2+}、Cr^{3+} 的吸附等温线

表面的羧基为金属离子配合反应提供大量的配合位点，因此随着金属离子浓度的上升，纳米纤维金属离子吸附量相应增加，但是随着金属离子浓度的进一步上升，纳米纤维表面的配合位点被溶液中金属离子快速占据，随着配合反应的进行，纳米纤维的吸附速率逐渐减缓并趋于饱和。

等温吸附方程常被用于分析物质吸附的动态平衡过程，其方程内各种参数则用于表达吸附剂的表面性质和被吸附介质的亲和力，本文利用 Langmuir 等温吸附模型分析 AOPAN-AA 纳米纤维对金属离子的配合动力学过程。Langmuir 等温吸附模型的假定条件为该吸附表面为单分子层吸附，且被吸附的分子间无相互作用。Langmuir 等温吸附方程见下式：

$$Q_e = \frac{Q_{max} b C_e}{1 + b C_e} \qquad (2-6)$$

式中：Q_e——吸附平衡时的吸附量，mmol/g；

$\quad\quad Q_{max}$——单分子层的饱和吸附量，mmol/g；

$\quad\quad C_e$——金属离子的吸附平衡浓度，mmol/L；

$\quad\quad b$——吸附系数，L/mmol。

根据上述实验结果，将 AOPAN-AA 纳米纤维对 Fe^{3+}、Cu^{2+}、Cd^{2+}、Cr^{3+} 四种金属离子的实验数据用 Langmuir 等温吸附模型进行非线性拟合，拟合结果如图 2-13 所示，同时得出平衡参数和拟合相关系[29]。

由表 2-4 中数据可知，四种金属离子的实验数据与 Langmuir 方程拟合的相关系数都比较趋近，说明 AOPAN-AA 纳米纤维与金属离子的配合反应基本符合 Langmuir 等温吸附模型[29]。Langmuir 吸附平衡常数 b 值越大，表示该金属离子的吸附能力越强。显然，四种金属离子的吸附能力为 $Fe^{3+} > Cu^{2+} > Cd^{2+} > Cr^{3+}$，这与之前的结论也是相符合的。$Q_{max}$ 是饱和配合量，AOPAN-AA 纳米纤维对 Fe^{3+}、Cu^{2+}、Cd^{2+}、Cr^{3+} 的饱和配合量分别为 5.36mmol/g、2.81mmol/g、1.36mmol/g 和 1.18mmol/g。通过查阅文献对比吸附能力，韩振邦等通过改性 PAN 纤维与 Fe^{3+} 配合，其饱和吸附量达到 3.9mmol/g[30]，廖师琴等利用改性 PAN 纳米纤维与 Fe^{3+}、Cu^{2+} 配合，其饱和吸附量分别达到 206mg/g 和 118mg/g[31]。

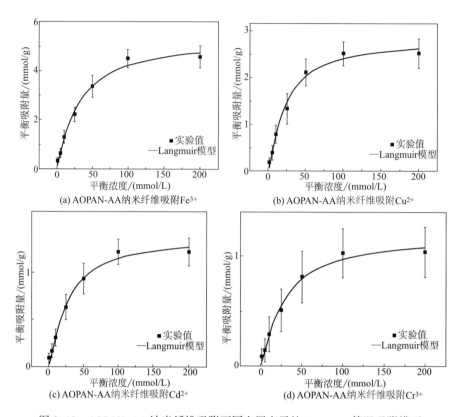

图 2-13　AOPAN-AA 纳米纤维吸附不同金属离子的 Langmuir 等温吸附模型

表 2-4　Langmuir 平衡参数

金属离子	Q_{max}/（mmol/g）	b/（L/mmol）	R^2
Fe^{3+}	5.36	0.24	0.989
Cu^{2+}	2.81	0.22	0.988
Cd^{2+}	1.36	0.16	0.991
Cr^{3+}	1.18	0.13	0.988

　　以静电纺PAN纳米纤维为基体，通过胺肟化改性得到AOPAN纳米纤维，并利用ATRP在纳米纤维表面接枝丙烯酸得到AOPAN-AA纳米纤维。将AOPAN-AA纳米纤维与Fe^{3+}、Cu^{2+}、Cd^{2+}、Cr^{3+}四种离子进行离子配位反应，分析其离子配合性能可知，AOPAN-AA纳米纤维对四种金属离子的

吸附能力为$Fe^{3+}>Cu^{2+}>Cd^{2+}>Cr^{3+}$。根据AOPAN-AA纳米纤维与不同初始浓度下金属离子配合量建立吸附等温线，并利用Langmuir等温模型对实验数据进行拟合，实验数据基本符合Langmuir等温模型，由此证实AOPAN-AA纳米纤维对金属离子的吸附为单分子层吸附。实验结果表明，AOPAN-AA纳米纤维对金属离子具有高效的吸附性能，在废水处理领域具有较好的应用前景[32]。

2.4　AOPAN/RC 复合纳米纤维膜的制备及其金属离子吸附性能

　　醋酸纤维素（CA）很容易产生纤维素纤维，不同的是CA可溶于许多溶剂。因此，它可以通过静电纺丝方法制备纳米纤维。静电纺丝CA纳米纤维膜在室温下浸入氢氧化钠水溶液中进行水解后，即可得到再生纤维素（RC）纳米纤维膜[33-34]。在这个过程中，纳米纤维膜的形态可以被完好地保留，而没有明显的差异。纤维素大分子的重复单元有可以吸附金属离子的三个羟基（—OH）基团。此外，纤维素可以进行化学修饰，以提高其吸附能力。纤维素以及经过化学改性的纤维素的吸附性能实际上是小于经过胺肟化改性的聚丙烯腈（AOPAN），而静电纺纤维素基纳米纤维的形态稳定性明显高于静电纺AOPAN纳米纤维。

　　近年来，由于偕胺肟化聚丙烯腈和再生纤维素等材料可作为配体与金属离子发生配合反应正被广泛地应用于贵金属富集、废水处理等领域[35]。但是通过静电纺丝制备偕胺肟化聚丙烯腈/再生纤维素（AOPAN/RC）纳米纤维，进而用于废水中金属离子的去除很少有人研究。

2.4.1　AOPAN/RC 复合纳米纤维膜的制备

　　为制备AOPAN/RC复合纳米纤维膜，首先将PAN和CA溶于DMF中制备静电纺丝溶液，采用自制静电纺丝装置制备纳米纤维膜。将制备好的静电纺PAN/CA复合纳米纤维膜首先通过室温浸入一定浓度的氢氧化钠水溶液中24h完成水解反应，然后将所得的PAN/RC复合纳米纤维膜进行冲洗。将干燥后的纳米纤维膜浸入盐酸羟胺水溶液中反应2h，取出纳米纤维膜冲洗，干燥[36]。

　　如图2-14所示，在研究过程中，首先制备静电纺PAN/CA复合纳米纤维膜，然后将该纳米纤维膜浸泡在氢氧化钠水溶液和盐酸羟胺水溶液中，经过化学改性转化为AOPAN/RC膜。最后测试AOPAN/RC复合纳米纤维膜的吸附性能，通过吸附水溶液中的Fe^{3+}、Cu^{2+}和Cd^{2+}，研究影响其吸附性能的各种因素（如pH、反应时间、离子浓度、吸附平衡等温线）。

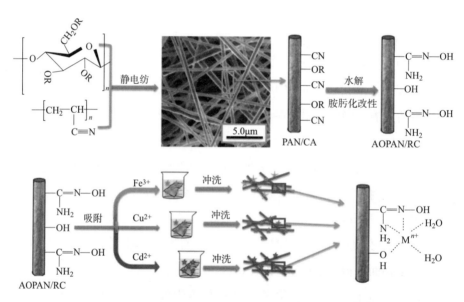

图 2-14　AOPAN/RC 复合纳米纤维膜的制备示意图[36]

　　为测试纳米纤维的比表面积和平均孔径，研究中采用了氮气吸附脱附法，测定PAN/CA 和AOPAN/RC的比表面积和平均孔隙率。比表面积和平均孔径是材料吸附能力的关键因素[37]，由于纳米纤维直径小，静电纺纳米纤维具有较大的比表面积。从PAN/CA和AOPAN/RC纳米纤维膜获得的BET比表面积值分别为31.87m^2/g和27.34m^2/g。从PAN/CA和AOPAN/RC复合纳米纤维膜获得的平均孔径值分别为34.15nm和28.46nm。从PAN/CA纳米纤维膜到AOPAN/RC纳米纤维膜的转化，膜平均孔隙值略有下降，这是因为PAN/CA纳米纤维膜的化学转化为AOPAN/RC纳米纤维膜的过程会黏合部分纳米纤维，这些黏合的交叉位置导致平均孔径减小，同时导致膜的硬度和密度增加。

为对纳米纤维表面形态进行观察，本实验采用日立S-4800扫描电镜观察不同纳米纤维膜的表面形态，结果如图2-15所示[36]。在图2-15中，扫描电镜图片展示了不同纳米纤维膜PAN/CA、PAN/RC和AOPAN/RC吸附Fe^{3+}、Cu^{2+}、Cd^{2+}金属离子后的表面形态。从AOPAN/RC纳米纤维膜的扫描电镜图像可以看出，吸附不同金属离子后纳米纤维的微观形态没有明显差异。从图2-16中可以看出，静电纺PAN/CA纳米纤维膜由直径为200～500nm的纤维交叉形成。纳米纤维相对均匀，在显微镜下并没有看到串珠。通过图2-15（b）和（c）可以看出，PAN/CA纳米纤维膜经过水解和偕胺肟化得到AOPAN/RC纳米纤维膜的表观形态基本没有发生变化，与静电纺PAN/CA纳米纤维相比，PAN/RC和AOPAN/RC纳米纤维的直径接近，并且纳米纤维形态保留完整。纯聚丙烯腈纳米纤维膜的形态在偕胺肟化改性后微观形貌会发生明显的变化，生成的AOPAN纳米纤维会黏结在一起。通过将RC加入到PAN纳米纤维中，在胺肟化改性后得到的AOPAN/RC纳米纤维具有良好的基本形态稳定性。由图2-15可以看出，AOPAN/RC纳米纤维在吸附金属离子后，直径从200～500nm增大到300～650nm，纳米纤维表面变得粗糙，纤维膜表面形成纳米颗粒，这种现象与实验预期一样，吸附金属离子后的AOPAN/RC纳米纤维表面会形成一些几到几十纳米的纳米颗粒。这些颗粒可能是因为纳米纤维在干燥过程中吸附的金属离子及其还原产生的。在膜内几乎找不到大的颗粒，所有的粒子都是纳米级的，并且都附着在纳米纤维的表面。

为测试纳米纤维膜红外光谱，实验使用Nicolet Nexus 470 FT-IR光谱仪研究了纳米纤维上不同化学键和官能团的形成[36]。如图2-16所示，通过观察CA的红外光谱图，分别在$1746cm^{-1}$、$1369cm^{-1}$、$1241cm^{-1}$处发现C=O、C—CH_3、C—O—C的特征吸收峰。PAN的红外光谱图中在$2937cm^{-1}$、

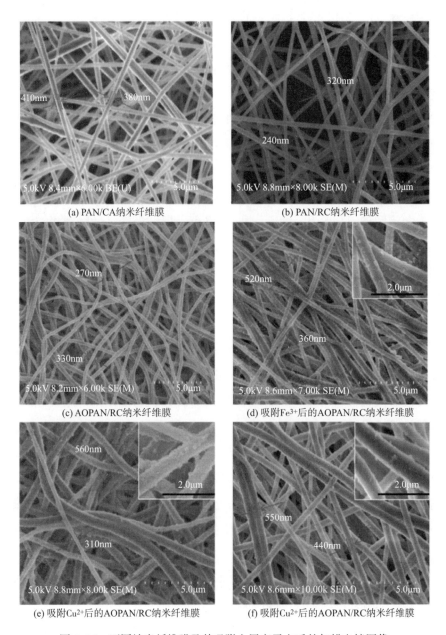

图 2-15　不同纳米纤维膜及其吸附金属离子之后的扫描电镜图像

$2244cm^{-1}$、$1733cm^{-1}$处可以观察到C—H、C≡N、C=O的特征吸收峰。所有CA和PAN的特征峰都可以在PAN/CA的红外光谱上找出，这说明经过混合静电纺丝，两种材料得到很好的复合，保留了两者的特征功能基团。将 PAN/CA 浸泡在氢氧化钠溶液中，PAN/RC 的红外光谱图中乙酰基的特征峰减弱，可以发现 CA 已经成功水解为 RC。并且经过化学改性后，AOPAN/RC 的红外光谱图中在 1648cm^{-1} 和 1059cm^{-1} 附近出现吸收峰，这是纳米纤维经过偕胺肟化改性后形成的 C═N 和 N—O 的伸缩振动峰，在 2244cm^{-1} 处的氰基特征峰明显减弱，这表明大量的—C≡N 已转化为—C（NH$_2$）═NOH 基团。FT-IR 红外光谱证实了在 AOPAN/RC 共混纳米纤维膜中成功形成了偕胺肟基团。

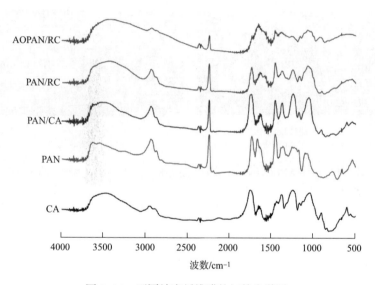

图 2-16　不同纳米纤维膜的红外光谱图

为测试纳米纤维膜中所含元素的种类与大致含量，本实验采用元素能谱分析仪检测吸附重金属离子前后的 AOPAN/RC 纳米纤维，以探究 AOPAN/RC 纳米纤维膜是否能从溶液中吸附 Fe^{3+}、Cu^{2+} 和 Cd^{2+} [36]。在能谱分析中，通过分析样品发出的 X 射线的波长和强度来分析样品的含有的元素类型和各种元素含量。如图 2-17 所示，纳米纤维膜在吸附 Fe^{3+}、Cu^{2+} 和 Cd^{2+} 后，AOPAN/RC 纳米纤维膜中 Fe、Cu 和 Cd 的元素质量比分别为 14.52%、9.86% 和 4.66%。假设所有金属离子的吸附量都达到了最大吸附量，则吸附的金属离子的质量比高于相关文献报道的数值 [38]，实验结果表明，制备的AOPAN/RC纳米纤维膜对重金属离子具有较强的吸附能力。

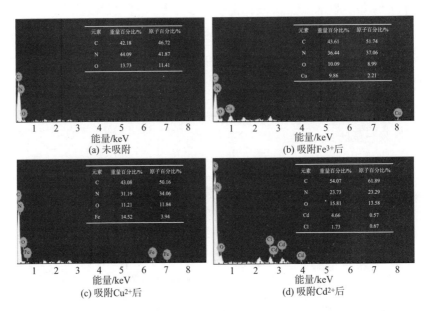

图2-17　AOPAN/RC 纳米纤维膜吸附前和吸附不同金属离子后的能谱图

　　静态接触角通常用来表征材料的亲水性能，是指试样静止时，液滴与材料表面形成的角度。当外界条件相同时，试样与液滴形成的接触角越大，材料的亲水性能越差；反之，则亲水性能较好[39]。在相关的研究中探讨了改性前后PAN/CA复合纳米纤维膜的亲水性能，每种样品测试 3 次静态接触角，并取平均值，结果如图2-18所示[19]。由图2-18可知，PAN/CA复合纳米纤维膜由于纤维不含亲水性基团，其静态接触角为120.1°，纳米纤维膜呈现出一定的疏水性能，经过水解改性和偕胺肟化改性后，制备的AOPAN/RC复合纳米纤维膜静态接触角为40.1°。这一结果表明，PAN/CA复合纳米纤维膜经过化学改性后，其亲水性能得到很大的改善。原因是PAN/CA复合纳米纤维膜经过改性后，纳米纤维表面原来的氰基、酯基等疏水性基团转变为大量的偕胺肟基、羟基等亲水性基团，从而显著地改善了纤维膜的亲水性能。

图2-18　PAN/CA 和 AOPAN/RC 复合纳米纤维膜的静态接触角

2.4.2　AOPAN/RC 复合纳米纤维膜的吸附性能

　　本实验进行了分批的吸附测试，分别研究了静电纺PAN/CA复合纳米纤维膜、PAN/RC复合纳米纤维膜、AOPAN/RC复合纳米纤维膜的吸附能力，并采用不同浓度的三种金属离子溶液进行了实验[36]。在实验之前，制备了Fe^{3+}、Cu^{2+}和Cd^{2+}的不同溶液。随后，在室温下将一块精确称重的AOPAN/RC复合纳米纤维膜浸泡在相应的溶液中，然后放入摇床中摇晃。24h后，达到吸附平衡，将纳米纤维膜从溶液中取出，用去离子水冲洗，在40℃条件下干燥。通过使用ICPE-9000型电感耦合等离子体发射光谱仪测量各溶液的金属离子浓度，确定其吸附能力。

　　实验首先探究了溶液pH对吸附性能的影响。如图2-19（a）所示，随着溶液pH的增加，三种金属离子对AOPAN/RC纳米纤维膜的吸附量也有所增加。这是因为随着溶液pH的增加，胺肟基团和羟基的质子化程度较小。质子化的偕胺肟和羟基具有正电荷，导致对重金属离子的吸附能力降低。另一方面，对Fe^{3+}、Cu^{2+}和Cd^{2+}的最佳吸附pH分别为2、5和6，在此之后纳米纤维膜吸附金属离子的能力略有下降，这可能是由于通过氢键形成的氢氧化物（OH^-）离子的竞争吸附，导致纳米纤维表面吸附位点的减少。此外，溶液在pH较高的条件下，OH^-离子也会与金属离子相互作用，并可能形成金属氢氧化物的沉淀。先前的研究表明，与金属离子相比，这些金属氢氧化物被吸附的可能性要小得多[40-42]。因此，对于通过形成配位/螯合键来吸附重金属离子，总是有最佳的溶液pH；在最佳pH下，纳米纤维上的胺肟基团和羟基可以最大化吸附重金属离子。

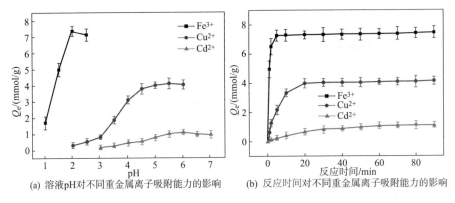

(a) 溶液pH对不同重金属离子吸附能力的影响　　(b) 反应时间对不同重金属离子吸附能力的影响

图2-19　溶液 pH 和反应时间对不同重金属离子吸附能力的影响

图2-19（b）描述了反应时间对AOPAN/RC复合纳米纤维膜对Fe^{3+}、Cu^{2+}和Cd^{2+}的吸附能力的影响，在实验过程中，Fe^{3+}、Cu^{2+}、Cd^{2+}离子的初始浓度均为100mmol/L。表2-5体现了本研究中静电纺AOPAN/RC复合纳米纤维膜对比其他吸附材料的金属离子吸附能力。金属离子的吸附量随着接触时间的增加而增加，而对Fe^{3+}的吸附量在5min内达到平衡，对Cu^{2+}的吸附量在20min内达到平衡，对Cd^{2+}的吸附量在60min内达到平衡。这些金属离子在AOPAN/RC复合纳米纤维膜上的吸附速率明显快于传统的吸附介质[43]。AOPAN/RC纳米纤维膜具有较大的比表面积，因此，纳米纤维表面具有更多的官能团（即胺肟基团和羟基基团），可以通过形成配位/螯合键来吸附金属离子，另外相邻的胺肟基团和羟基对重金属离子的配位/螯合具有协同作用。因此，AOPAN/RC复合纳米纤维膜的吸附能力较强，且吸附速度较快。此外，实验结果表明，AOPAN/RC复合纳米纤维膜对三种金属离子具有不同的吸附能力，纳米纤维膜对Fe^{3+}的吸附能力最高，对Cu^{2+}的吸附能力位居第二，而对Cd^{2+}的吸附能力最小。这种现象是由于配体的离子配位能力（如Fe^{3+}、Cu^{2+}、Cd^{2+}）和中心体（如AOPAN/RC复合纳米纤维）在金属离子配位过程中与配体的电荷数和离子半径有关。离子配位能力随着金属离子电荷数的增加而增强。同时，离子半径较小的金属离子配位能力通常强于离子半径较大的金属离子[44]。Fe^{3+}（电荷数为三价）大于Cu^{2+}和Cd^{2+}的电荷数，Fe^{3+}半径最小（0.064nm），接着是Cu^{2+}

的半径（0.069nm），Cd^{2+}的半径最大（0.097nm）。因此，理论分析与AOPAN/RC复合纳米纤维膜与三种金属离子（Fe^{3+}、Cu^{2+}、Cd^{2+}）的实际吸附性能一致。

接着研究不同初始金属离子浓度对吸附性能的影响，设置金属离子浓度在5～140mmol/L的范围内，所有其他参数条件都保持不变，以探究AOPAN/RC复合纳米纤维膜对Fe^{3+}、Cu^{2+}和Cd^{2+}在不同初始浓度溶液中的吸附能力[36]。实验结果如图2-20所示，随着初始金属离子浓度的增加，AOPAN/RC复合纳米纤维膜对三种金属离子的吸附能力也逐渐增加，Fe^{3+}、Cu^{2+}和Cd^{2+}的最大吸附能力分别为7.47mmol/g、4.26mmol/g和1.13mmol/g。

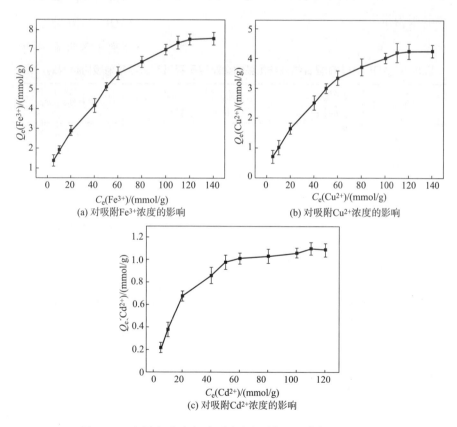

(a) 对吸附Fe^{3+}浓度的影响   (b) 对吸附Cu^{2+}浓度的影响

(c) 对吸附Cd^{2+}浓度的影响

图2-20 金属离子浓度对不同重金属离子吸附能力的影响

同时在相同的外部条件下，采用ICPE-9000型电感耦合等离子体发射光谱仪测定了三种纤维膜（PAN/CA、PAN/RC、AOPAN/RC）对金属离子的吸附能力。经计算，PAN/CA复合纳米纤维膜对Fe^{3+}、Cu^{2+}和Cd^{2+}的吸附能力分别为0.03mmol/g、0.02mmol/g和0.04mmol/g。PAN/RC复合纳米纤维膜对Fe^{3+}、Cu^{2+}和Cd^{2+}的吸附能力分别为0.61mmol/g、0.74mmol/g和0.17mmol/g。

此外，从表2-5中还可以看出，静电纺AOPAN/RC复合纳米纤维膜的金属离子吸附能力明显高于其他纳米纤维材料。这是因为AOPAN/RC复合纳米纤维表面的羟基和胺肟基提供了大量的离子配位位点。随着金属离子浓度的增加，AOPAN/RC复合纳米纤维膜表面的离子配位位点迅速被占据，活性自由基团也迅速下降，金属离子的吸附速率逐渐减弱，最终达到饱和吸附量。

表2-5 AOPAN/RC 复合纳米纤维膜的金属离子吸附能力与其他吸附材料的对比

吸附剂	吸附量 /（mmol/g）	pH	吸附时间 / min	金属离子浓度 /（mmol/L）	重复使用能力
AOPAN/RC 复合纳米纤维膜	Fe^{3+}, 7.47 Cu^{2+}, 4.26 Cd^{2+}, 1.13	Fe^{3+}, 2 Cu^{2+}, 5 Cd^{2+}, 6	Fe^{3+}, 5 Cu^{2+}, 20 Cd^{2+}, 60	Fe^{3+}, 100 Cu^{2+}, 100 Cd^{2+}, 50	Fe^{3+}, 3 次循环 –76.2%; Cu^{2+}, 3 次循环 –91.7%; Cd^{2+}, 3 次循环 –90.3%; Cu^{2+}, 3 次循环 –90.2%
PVA/PDA–PEI 纳米纤维膜[44]	Cu^{2+}, 0.52	5.5	252	0.31	Cu^{2+}, 3 次循环 – 90.2%
水解聚丙烯腈纤维膜[45]	Cu^{2+}, 0.48	5	300	1.56	—
AOPAN 纳米纤维膜[46]	Fe^{3+}, 3.95; Cu^{2+}, 3.36	—	300	30	—
EDTA–EDA–PAN 纳米纤维膜[41]	Cd^{2+}, 0.59	Cd^{2+}, 6	90 ~ 120	1.34	Cd^{2+}, 3 次循环 –43.5%
氨化聚丙烯腈纳米纤维膜[47]	Cu^{2+}, 1.82	5	30 ~ 50	4	

续表

吸附剂	吸附量 / (mmol/g)	pH	吸附时间 / min	金属离子浓度 /(mmol/L)	重复使用能力
化学改性纤维素纤维[40]	Cd^{2+}, 2.39	5.2	90	100	Cd^{2+}, 5 次循环 63.4%
交联 2- 氨基吡啶功能化 SMA 共聚物[48]	Cd^{2+}, 0.72	5	40	0.45	—

本研究利用 Langmuir 和 Freundlich 等温吸附模型分析了 AOPAN/RC 复合纳米纤维膜对 Fe^{3+}、Cu^{2+} 和 Cd^{2+} 的吸附性能。计算得到的吸附等温线数据见表 2-6[36]。

AOPAN/RC 复合纳米纤维膜对 Fe^{3+} 和 Cu^{2+} 的吸附过程更加倾向于 Freundlich 模型，因为 Freundlich 方程计算的 AOPAN/RC 复合纳米纤维膜的相关系数（R^2）高于 Langmuir 方程，而 Cd^{2+} 的吸附情况则相反。结果表明，Freundlich 模型可以比 Langmuir 模型更好地描述 AOPAN/RC 复合纳米纤维膜对 Fe^{3+} 和 Cu^{2+} 的吸附等温线结果，Langmuir 模型可以更好地描述 AOPAN/RC 复合纳米纤维膜 Cd^{2+} 的吸附等温线结果。这可能是因为 Cd^{2+} 可能通过单层吸附被 AOPAN/RC 复合纤维膜吸附，因此 Cd^{2+} 离子均匀分布在纳米纤维表面[49-50]。

表 2-6　AOPAN/RC 复合纳米纤维膜上金属离子吸附的等温线数据

实验吸附能力 Q_e		Fe^{3+}	Cu^{2+}	Cd^{2+}
		7.4716	4.2618	1.1273
Langmuir（L）	q_m/ (mmol/g)	7.4627	4.6555	1.4631
	K_L	0.0427	0.0340	0.0350
	R^2	0.9576	0.9719	0.9955
Freundlich（F）	K_F	0.5675	0.2831	0.1236
	n	1.8215	1.7138	2.0458
	R^2	0.9950	0.9909	0.9118

为探究AOPAN-RC复合纳米纤维膜的重复使用性能，本研究选择盐酸溶液作为解吸溶液，吸附—解吸实验重复使用5次时，测试Fe^{3+}、Cu^{2+}和Cd^{2+}的解吸率[36]。在实验过程中，吸附时间为24h，Fe^{3+}、Cu^{2+}和Cd^{2+}溶液初始浓度为100mmol/L，pH分别为2、5、6。在AOPAN/RC复合纳米纤维膜重复使用1~5次后，Fe^{3+}、Cu^{2+}和Cd^{2+}的解吸率的结果如图2-21所示。根据下式计算重复使用效率R：

$$R=\frac{c_e \times V_1}{m} \times 100\% \qquad (2-7)$$

式中：V_1——解吸溶液的体积，L；

　　　c_e——解吸溶液中金属离子的浓度，mmol/L；

　　　m——解吸前被纳米纤维膜吸附的金属离子的质量，mg。

AOPAN/RC复合纳米纤维膜重复使用3次后，Fe^{3+}、Cu^{2+}和Cd^{2+}的解吸率分别为76.15%、91.71%和90.25%。从图2-21中可以看出，相比于其他纳米材料，AOPAN/RC复合纳米纤维膜也保持了良好的重复使用性。使用5次后，Fe^{3+}、Cu^{2+}和Cd^{2+}的解吸率仍可高于70%。实验结果表明，AOPAN/RC复合纳米纤维膜具有相当好的可重复使用性能，可以在操作过程中多次回收使用。

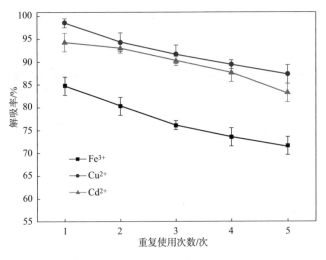

图2-21　AOPAN/RC复合纳米纤维膜重复使用次数对金属离子解吸性能的影响

采用静电纺丝和化学改性技术制备了AOPAN/RC复合纳米纤维膜，研究了AOPAN/RC复合纳米纤维膜对Fe^{3+}、Cu^{2+}和Cd^{2+}的吸附作用。采用扫描电镜、傅里叶红外光谱仪、BET表面分析仪和能谱仪（EDS）对AOPAN/RC复合纳米纤维膜进行表征。结果表明，CA和PAN可以成功转化为RC和AOPAN，并且没有发生纳米纤维膜形态的变化。吸附研究结果表明，AOPAN/RC复合纳米纤维膜可以有效地吸附废水中的Fe^{3+}、Cu^{2+}和Cd^{2+}，推测是由于偕胺肟基团与羟基基团对重金属离子的配位/螯合具有协同作用。实验研究了溶液pH对吸附能力的影响，结果表明，Fe^{3+}、Cu^{2+}和Cd^{2+}吸附的最佳溶液pH分别为2、5和6。实验考察了吸附速率，随着接触/吸附时间的增加，吸附量增大，吸附速率远快于常规吸附介质。对于Fe^{3+}、Cu^{2+}和Cd^{2+}分别在5min、20min和60min范围达到吸附平衡。Fe^{3+}和Cu^{2+}的吸附研究结果可以很好地与Freundlich等温线模型拟合，而Cd^{2+}的吸附结果可以很好地与Langmuir等温模型进行拟合。并且，实验还对AOPAN/RC复合纳米纤维膜的重复使用性能进行研究，结果表明，所制备的纳米纤维膜具有良好的可重用性。因此，静电纺AOPAN/RC复合纳米纤维膜可以作为去除水中重金属离子的新型吸附介质。

2.5　展望

聚丙烯腈纳米纤维通过多种化学改性方法可在其表面引入含 N、O、P和S等原子的配位基团而形成高分子纤维配体。它们可与多种过渡金属离子或稀土金属离子等进行配位反应形成纤维金属配合物，从而应用于金属离子的去除、检测和分离富集，并可作为催化剂应用于废水处理及多种有机化学合成与催化分解反应中。改性聚丙烯腈纳米纤维的制备工艺日趋成熟，优化和调控现有改性技术及纤维制备工艺过程，使改性聚丙烯腈纤维兼具优良的功能性和力学性能，提高重复利用效能，使用后废弃的聚丙烯腈纳米纤维也可经改性处理后得到再次利用[51-53]。纵观研究现状，基于纳米纤维的水污染净化材料在基础研究及应用基础研究方面取得了长足进步，但如何有效控制改性过程中的力学性能弱化，如何实现纳米纤维的规模化生产等是当前面临的瓶颈问题，相信随着吸附理论研究的不断深入，以及纳米纤维制备技术的不断提升，基于纳米纤维的高效吸附材料研制及其产业化应用将得到快速发展[54-56]。

参考文献

[1] WU Z C, ZHANG Y D, TAO T X, et al. Silver nanoparticles on amidoximebers for photo-catalytic degradation of organic dyes in waste water [J]. Applied Surface Science, 2010, 257 (3): 1092-1097.

[2] DAX D, CHAVEZM S, XU C L, et al. Cationic hemicellulose based hydrogels for arsenic and chromium removal from aqueous solutions [J]. Carbohydrate Polymers, 2014, 111: 797-805.

[3] 吴之传, 汪学骞, 陶庭先, 等. 螯合金属离子的腈纶纤维的制备及性能 [J]. 纺织学报, 2004, 25 (6): 6-38.

[4] 丁彬, 俞建勇. 功能静电纺纤维材料 [M]. 北京: 中国纺织出版社, 2019.

[5] PARVIN K N, MEHDI R, FARAMARZ A T, et al. Preparation of aminated-polyacrylonitrile nanofiber membranes for the adsorption of metalions: Comparison with microfibers [J]. Journal of Hazardous Materials, 2011, 186 (1): 182-189.

[6] 夏鑫, 凤权, 魏取福, 等. PVAc/SnO$_2$杂化纳米纤维的光催化及力学性能 [J]. 纺织学报, 2011, 32 (8): 12-16.

[7] NOGAMI M, KIM S Y, ASANUMA N, et al. Adsorption behavior of amidoxime resin for separating actinide elements from aqueous carbonate solutions [J]. Journal of Alloys and Compounds, 2003, 374 (1): 269-

271.

［8］WAN L S，KE B B，XU Z K, et al. Electrospun nanofibrous membranes filled with carbon nanotubes for redox enzyme immobilization［J］. Enzyme and Microbial Technology，2008，42（4）: 332-339.

［9］SAHINER N，ILGIN P. Multiresponsive polymeric particles with tunable morphology and properties based on acrylonitrile（AN）and 4-vinylpyridine （4-VP）［J］. Polymer，2010，51（14）: 3156-3163.

［10］CETINUS S A，SAHIN E，SARAYDIN D，et al. Preparation of Cu（Ⅱ） adsorbed chitosan beads for catalase immobilization［J］. Food Chemistry，2009，114（3）: 962-969.

［11］LIU X，CHEN H，WANG C C, et al. Synthesis of porous acrylonitrile/ methyl acrylate copolymer beads by suspended emulsion polymerization and their adsorption properties after amidoximation［J］. Journal of Hazardous Materials，2010，175（1）: 1014-1021.

［12］张一敏. 偕胺肟化 PAN 基复合纤维膜的制备及其油水分离性能研究 ［D］. 郑州: 中原工学院，2021.

［13］董永春，武金娜，孙苏婷，等. 偕胺肟改性聚丙烯腈纤维与不同金属离子之间的配位反应性能［J］. 四川大学学报（工程科学版），2011，43（1）: 173-178.

［14］凤权，侯大寅，毕松梅，等. AOPAN 纳米纤维金属离子配合性能及动力学分析［J］. 东华大学学报（自然科学版），2015，41（2）: 143-147.

［15］FENG Q，WANG X Q，WEI A F, et al. Surface modified ployacrylonitrile nanofibers and application for metal ions chelation［J］. Fibers and Polymers，2011，12（8）: 1025-1029.

［16］FENG Q，HOU D Y，ZHAO Y, et al. Electrospun regenerated cellulose nanofibrous membranes surface-grafted with polymer chains/ brushes via the atom transfer radical polymerization method for catalase immobilization［J］. ACS Applied Materials & Interfaces，2014，6（23）：20958-20967.

［17］李艳红，魏天柱. 螯合纤维的发展及其前景概述［J］. 中国纤检，2010（5）：80-82.

［18］凤权，武丁胜，桓珊，等. 再生纤维素纳米纤维膜的制备及其蛋白质分离性能［J］. 纺织学报，2016，37（12）：12-17.

［19］凤权，武丁胜，桓珊，等. AOPAN/RC 纳米纤维膜的制备及对金属离子吸附性能［J］. 高分子材料科学与工程，2017，33（8）：140-144.

［20］李伟刚，凤权，胡金燕，等. 再生纤维素基复合纳米纤维膜的制备及其应用［J］. 水处理技术，2019，45（12）：71-75.

［21］WU D S，FENG Q，XU T，et al. Electrospun blend nanofiber membrane consisting of polyurethane，amidoxime polyarcylonitrile，and β-cyclodextrin as high-performance carrier/support for efficient and reusable immobilization of laccase［J］. Chemical Engineering Journal，2018，33：517-526.

［22］苑青青. 溶胶凝胶法制备锂离子印迹杯芳烃乙酸聚合物对浓海水 Li^+ 的动态吸附性能研究［D］. 杭州：浙江工业大学，2015.

［23］李伟刚. AOPAN/RC/PU 纳米纤维的制备及其金属离子动态吸附性能［D］. 芜湖：安徽工程大学，2019.

［24］邹照华，何素芳，韩彩云，等. 吸附法处理重金属废水研究进展［J］. 环境保护科学，2010，36（3）：22-24.

［25］WANG J Q，JIA P，PAN K，et al. Functionalization of polyacrylonitrile nanofiber mat via surface-initiated atom transfer radical polymerization for copper ions removal from aqueous solution［J］. Desalination and Water Treatment，2015，54（10）：2856-2867.

［26］李强，张丽芬，栢良久，等. 原子转移自由基聚合的最新研究进展［J］. 化学进展，2010，11（11）：2079-2087.

［27］李刚，于海鹏，富艳春，等. 原子转移自由基聚合在纤维表面改性方面的应用研究进展［J］. 化工进展，2011，30（6）：1270-1276.

［28］陶庭先，吴之传，赵择卿，等. 螯合纤维的制备聚丙烯腈纤维的改性［J］. 合成纤维，2001，30（4）：32-33，44.

［29］李鑫，凤权，武丁胜，等. AOPAN-AA 纳米纤维的制备及其金属离子吸附性能［J］. 东华大学学报（自然科学版），2017，43（6）：785-790.

［30］韩振邦，董永春，刘春燕，等. 改性 PAN 纤维与 Fe^{3+} 的配位反应及配合物的催化性能［J］. 高等学校化学学报，2010，31（5）：986-993.

［31］廖师琴，魏取福. PAN 纳米纤维的改性及其应用于吸附金属离子［J］. 化工新型材料，2014，42（12）：211-213.

［32］李鑫. 基于 ATRP 技术的功能性纳米纤维制备及其应用研究［D］. 芜湖：安徽工程大学，2018.

［33］ZHANG L F, TODD J, FONG H. Fabrication and bioseparation studies of adsorptive membranes/felts made from electrospun cellulose acetate nanofibers［J］. Journal of Membrane Science，2008，319（1）：176-184.

［34］MENKHAUS T J, VARADARAJU H, ZHANG L F. Electrospun nanofiber membranes surface functionalized with 3-dimensional nanolayers as an innovative adsorption medium with ultra-high capacity and throughput［J］. Chemical Communications（Cambridge，England），2010，46（21）：3270-3772.

［35］丁耀莹，王成志，问县芳，等. 偕胺肟化聚丙烯腈纳米纤维的制备及在含金属离子废水处理中的应用［J］. 高等学校化学学报，2013，34（7）：1758-1764.

［36］FENG Q, WU D S, ZHAO Y, et al. Electrospun AOPAN/RC blend nanofiber membrane for efficient removal of heavy metal ions from water［J］.

Journal of Hazardous Materials，2018，344（15）：819-828.

［37］LIM W C，SRINIVASAKANNAN V. Preparation of high surface area mesoporous activated carbon：Kinetics and equilibrium isotherm［J］. Separation Science and Technology，2012，47（6）：886-895.

［38］宦思琪，程万里，白龙，等. 静电纺丝制备聚苯乙烯/纳米纤维素晶体纳米复合薄膜及其性能表征［J］. 高分子材料科学与工程，2016，32（3）：141-146.

［39］LI L M，YUAN Z H，ZHONG L B，et al. Preparation of chitosan based electrospun nanofiber membrane and its adsorptive removal of arsenate from aqueous solution［J］. Chemical Engineering Journal，2015，267：132-141.

［40］ZHOU Y，HU X，MIN Z，et al. Preparation and characterization of modified cellulose for adsorption of Cd（Ⅱ），Hg（Ⅱ），and Acid fuchsin from aqueous solutions［J］. Industrial & Engineering Chemistry Research，2013，52（2）：876-884.

［41］CHAÚQUE E F C，DLAMINI L N，ADELODUN A A，et al. Modification of electrospun polyacrylonitrile nanofibers with EDTA for the removal of Cd and Cr ions from water effluents［J］. Applied Surface Science，2016，369：19-28.

［42］JORGETTO A O，SILVA R I V，LONGO M M，et al. Incorporation of dithiooxamide as a complexing agent into cellulose for the removal and pre-concentration of Cu（Ⅱ）and Cd（Ⅱ）ions from natural water samples［J］. Applied Surface Science，2013，264：368-374.

［43］ZHOUS Y，XUE A L，ZHAO Y J，et al. Competitive adsorption of Hg^{2+}：Pb^{2+} and Co^{2+} ions on polyacrylamide/attapulgite［J］. Desalination，2011，270：269-274.

［44］WU C，WANG H，WEI Z，et al. Polydopamine-mediated surface functionalization of electrospun nanofibrous membranes：Preparation， characterization and their adsorption properties towards heavy metal ions [J]. Applied Surface Science, 2015, 346: 207-215.

[45] KAMPALANONWAT P, SUPAPHOL P. Preparation of hydrolyzed electrospun polyacrylonitrile fiber mats as chelating substrates: A case study on copper (II) ions [J]. Industrial & Engineering Chemistry Research, 2011, 50: 11912-11921.

[46] HUANG F, XU Y, LIAO S, et al. Preparation of amidoxime polyacrylonitrile chelating nanofibers and their application for adsorption of metal ions [J]. Materials, 2013, 6 (3): 969-980.

[47] NEGHLANI P K, RAFIFIZADEH M, TAROMI F A, et al. Preparation of aminated-polyacrylonitrile nanofiber membranes for the adsorption of metal ions: Comparison with microfibers [J]. Journal Hazard Material, 2011, 186 (1): 182-189.

[48] SAMADI N, HASANZADEH R, RASAD M, et al. Adsorption isotherms, kinetic, and desorption studies on removal of toxic metal ions from aqueous solutions by polymeric adsorbent [J]. Journal of Applied Polymer Science, 2015, 132 (11): 416-420.

[49] APOPEI F D, DINU M V, TROCHIMCZUK A W, et al. Sorption isotherms of heavy metal ions onto semi-interpenetrating polymer network cryogels based on polyacrylamide and anionically modified potato starch [J]. Industrial & Engineering Chemistry Research, 2012, 51: 10462-10471.

[50] JONATHAN F, ALINE N K, JAKA S, et al. Equilibrium and kinetic studies in adsorption of heavy metals using biosorbent: A summary of recent studies [J]. Journal of Hazardous Materials, 2008, 162 (2): 616-645.

[51] 李小盼. 多孔有机吸附剂的制备及其对重金属离子吸附性能的研究 [D]. 杭州: 浙江大学, 2016.

［52］刘荣琴，钱林波，晏井春，等．pH 及共存金属离子对生物质炭吸附铅稳定性的影响［J］．土壤，2017，49（3）：467-475．

［53］李甫，董永春，程博闻，等．改性聚丙烯腈纤维与金属离子的配位反应及其应用进展［J］．纺织学报，2017，38（6）：143-150．

［54］SHARIFUL M，SHARIF S，LEE J，et al．Adsorption of divalent heavy metal ion by mesoporous-high surface area chitosan/poly（ethylene oxide）nanofibrous membrane［J］．Carbohydrate Polymers，2017，157：57-64．

［55］WANG W，GONG C，WANG W，et al．Energetics of metal ion adsorption on and diffusion through crown ethers：First principles study on two-dimensional electrolyte［J］．Solid State Ionics，2017，301：176-181．

［56］CHENG J，SHAN G，PAN P．Triple stimuli-responsive N-isopropylacrylamide copolymer toward metal ion recognition and adsorption via a thermally induced sol-gel transition［J］．Industrial & Engineering Chemistry Research，2017，56（5）：1223-1232．

第3章 功能性纳米纤维膜在光催化中的应用

3.1 引言

以半导体催化剂为核心的光催化氧化技术具有价格低廉、催化底物范围广、高效快速等优点，在废水处理中存在极大的应用前景。然而，在实际使用过程中，催化剂颗粒容易聚集，而且催化剂回收再利用工艺复杂，限制了其大规模工业化应用。针对上述问题，采用纳米纤维基载体，原位负载光催化剂，研究制备的纳米纤维基光催化复合材料催化降解染料废水的性能具有重要意义[1]。

3.2 PMMA/OMMT/TiO$_2$复合纳米纤维膜在光催化中的应用

3.2.1 PMMA/OMMT/TiO$_2$复合纳米纤维膜的制备

聚甲基丙烯酸甲酯（PMMA）是一种重要的透明高分子材料，有机改性蒙脱土（OMMT）是一类典型的层状硅酸盐非金属纳米矿物。称取一定质量的PMMA和OMMT溶于DMF中，于磁力搅拌器上46℃水浴搅拌8h。混合均匀后，称取一定质量的纳米TiO$_2$分散于纺丝液中，制备质量分数为25%的PMMA、PMMA/OMMT（PMMA质量分数为25%，OMMT质量占

PMMA的5%）和PMMA/OMMT/TiO$_2$（PMMA质量分数为25%，OMMT质量占PMMA的5%，TiO$_2$的质量占PMMA的3%）混合溶液，将纺丝液倒入注射器（10mL）中，将磨平的针头（7号）以注射器连接；设置纺丝参数；溶液喷出速度为0.5mL/h，收集装置距离针头之间的距离为16cm，纺丝电压为18kV，静电纺丝时间为10~15h，分别制得PMMA、PMMA/OMMT和PMMA/OMMT/TiO$_2$复合纳米纤维膜[2]。

PMMA/OMMT和PMMA/OMMT/TiO$_2$纳米纤维表观形态如图3-1所示，PMMA/OMMT复合纳米纤维的直径在600~700nm，且表面光滑没有产生节点。PMMA/OMMT/TiO$_2$复合纳米纤维的直径在800~900nm，纤维表面凹凸不平且存在节点。这是由于在高压电场的作用下，TiO$_2$颗粒会随着纺丝液聚合物一起喷出，TiO$_2$随机分散在PMMA/OMMT复合纳米纤维表面或纤维内部使纤维变得凹凸不平。这种TiO$_2$材料是光催化作用的主要成分。

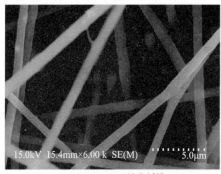
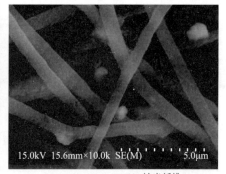

(a) PMMA/OMMT纳米纤维　　　　　　　(b) PMMA/OMMT/TiO$_2$纳米纤维

图3-1　纳米纤维的扫描电镜图

纳米纤维膜的能谱测试图像如图3-2所示。PMMA为高分子聚合物，其分子式为$[CH_2C(CH_3)(COOCH_3)]_n$，其能谱图中只含有C、O两种元素。OMMT的主要化学成分包括SiO$_2$、Al$_2$O$_3$、CaO等。由图可知，PMMA/OMMT复合纳米纤维膜含有OMMT和PMMA的主要化学元素（Si、Al、Ca、O）；PMMA/OMMT/TiO$_2$复合纳米纤维膜中含有Ti、Si、Al、C、

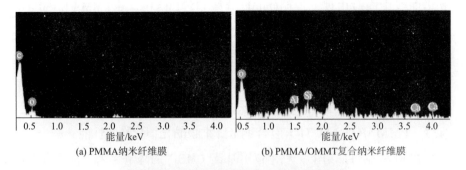

(a) PMMA纳米纤维膜　　　　(b) PMMA/OMMT复合纳米纤维膜

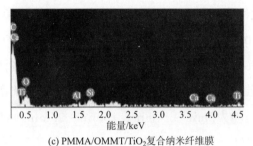

(c) PMMA/OMMT/TiO₂复合纳米纤维膜

图 3-2　纳米纤维的能谱图像

O等化学元素，说明复合纳米纤维膜含有TiO₂、OMMT、PMMA等各成分的有效元素。

　　纳米纤维和OMMT的红外光谱图如图3-3所示，由OMMT和PMMA/OMMT/TiO₂的红外光谱曲线可看出，在波数为1637.1cm⁻¹处的吸收峰是OMMT片层之间吸附的Na⁺特征峰，此特征峰在PMMA/OMMT/TiO₂的红外

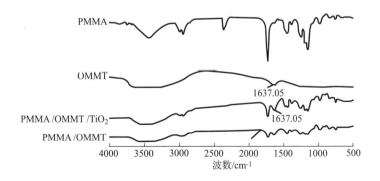

图 3-3　不同纳米纤维的红外光谱图

光谱曲线中同时出现，说明OMMT分散到PMMA中。由PMMA和PMMA/OMMT/TiO$_2$的红外光谱曲线可以看出，在波数为1750cm^{-1}处有PMMA的特征峰，在PMMA/OMMT/TiO$_2$的红外光谱曲线中同时存在波数为1750cm^{-1}的特征峰，说明PMMA中加入了OMMT。

3.2.2 PMMA/OMMT/TiO$_2$复合纳米纤维膜的光催化降解性能

在500W汞灯照射下，利用亚甲基蓝（MB）的降解率来表征复合纳米纤维材料光催化性能[3-4]。

分别称取50mg PMMA、PMMA/OMMT、PMMA/OMMT/TiO$_2$纳米纤维膜，置于50mL（浓度为5.0mol/L）的亚甲基蓝溶液中。同时对照组中不加任何催化剂。将试管放于XPA光化学反应仪中进行光催化试验。设置时间间隔为5min、10min、15min、25min、45min、75min、120min，分别取出空白对照组和试验组的光催化反应后的MB溶液，采用UV–5500型紫外可见分光光度计测定反应前后亚甲基蓝在660nm（亚甲基蓝的最大吸收波长）处吸光度数值。每组试验做5次，计算平均值。

本文利用染料溶液的降解率D来表征该复合纳米纤维膜对亚甲基蓝溶液的催化活性，其降解率D计算式见下式：[5]

$$D = \frac{A_0 - A_t}{A_0} = \times 100\%$$ （3–1）

式中：A_0——染料溶液的初始吸光度值；

A_t——反应时间为t时染料溶液的吸光度值。

本文通过静电纺丝技术制备了PMMA/OMMT/TiO$_2$复合纳米纤维膜，将其作为光催化材料，研究对亚甲基蓝溶液的光催化降解性能，结果如图3-4所示。由图可知，在一定的外界条件下，将50mg的PMMA/OMMT/TiO$_2$复合纳米纤维膜放于亚甲基蓝溶液中，经过120min后，亚甲基蓝溶液的降解率可高达79.23%。

相比之前的光催化剂而言，本研究制备的复合纳米纤维膜对亚甲

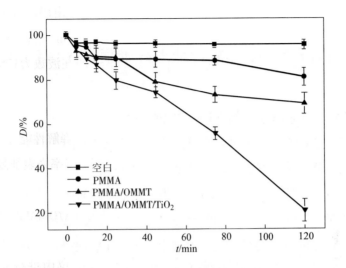

图3-4 复合纳米纤维膜光催化降解亚甲基蓝曲线图

基蓝溶液的降解率具有更高的光催化效率。这是由于PMMA/OMMT/TiO₂复合纳米纤维膜的纤维具有较小的平均直径，相同质量的样品具有更大的比表面积，活性位点较多，增大了光催化反应面积，因此具有更高的催化效率。由图3-4可看出，PMMA/OMMT复合纳米纤维膜也有一定的降解亚甲基蓝的效果，原因是OMMT本身具有很大的比表面积，样品中存在很多的微孔，因此对有机染料亚甲基蓝有一定的吸附作用[6-7]；空白对照和PMMA对亚甲基蓝的降解几乎没有发生作用。亚甲基蓝降解率的对比表明了PMMA/OMMT/TiO₂复合纳米纤维膜具有较好的光催化性能。除此之外，反应完毕后，PMMA/OMMT/TiO₂复合纳米纤维膜更便于回收。

本文通过静电纺丝技术制备了纤维直径小、比表面积大的复合纳米纤维膜，并成功地把纳米TiO₂负载在纳米纤维上，有效地增大了与反应物的接触面积，有利于光催化反应的进行。与纳米TiO₂颗粒相比，所制备的负载TiO₂复合纳米纤维膜在实际操作中具有良好的可操作性和易回收性。PMMA/OMMT/TiO₂复合纳米纤维膜对有机污染物亚甲基蓝的降解率达到79.23%，催化效果优异。

3.3　PVA/PA6/TiO$_2$复合纳米纤维膜在光催化中的应用

3.3.1　PVA/PA6/TiO$_2$复合纳米纤维膜的制备

聚酰胺（PA6）是一种常用的化工原料，具备高强度、化学性能稳定等优势，通过静电纺丝方法制备的PA6纳米纤维直径较细，比表面积大，力学性能优异[8-9]。聚乙烯醇（PVA）作为一种半结晶的亲水性化合物，分子中含有大量的羟基，具有良好的化学稳定性、可降解性和生物相容性[10]。PVA和PA6是两种相容性较好的高聚物，而且PVA上的—OH和PA6上的C＝O易形成氢键，本研究将PVA与PA6进行复合静电纺丝，制备的复合纳米纤维能够改善PVA纤维膜耐水性差与易溶胀等缺陷[11]。

首先，将0.4g聚酰胺（PA6）和1.2g聚乙烯醇（PVA）溶解于8.4g甲酸溶液中，在室温下不停搅拌直至溶液呈透明状，即制备完成PVA/PA6混合纺丝液。然后取适量的TiO$_2$颗粒（分别占PVA/PA6质量和的1%、2%、3%、4%和5%）加到上述溶液中，获得不同TiO$_2$含量的PVA/PA6/TiO$_2$混合纺丝液。在（25±1℃）温度下进行磁力搅拌辅以超声波处理后，将纺丝液移至10mL注射器内开始纺丝12h，流速为0.2mL/h，并以贴有铝箔的滚筒作为接收装置收集纳米纤维膜，接收距离为15cm。纺丝一段时间后，制得PVA/PA6纤维膜和PVA/PA6/TiO$_2$复合膜（其中TiO$_2$含量分别为PVA/PA6质量的1%~5%）。

图3-5中（a）~（f）分别为纯PVA/PA6和不同TiO$_2$含量的PVA/PA6/TiO$_2$复合纳米纤维膜（其中TiO$_2$含量分别占PVA/PA6质量的1%、2%、3%、4%和5%）的扫描电镜图。从扫描电镜图可以看出，通过调节适宜纺丝参数，可以制备纤维直径小（150~250nm）、形态良好的复合纳米纤维。此外，添加微量TiO$_2$对PVA/PA6的可纺性以及纤维直径大小并无太多影响，PVA/PA6/TiO$_2$纤维形态良好，无明显串珠和粘连现象。随着TiO$_2$含量的增加，部分TiO$_2$颗粒裸露在纤维表面或在纤维间聚集。同时在纺丝过

程中发现，当TiO$_2$含量达到PVA/PA6质量的6%时，纺丝液在喷丝口处发生堵塞，无法顺利成丝，TiO$_2$颗粒在纺丝液中出现大量沉淀。

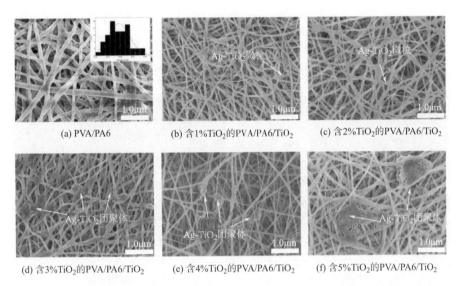

(a) PVA/PA6　　　(b) 含1%TiO$_2$的PVA/PA6/TiO$_2$　　　(c) 含2%TiO$_2$的PVA/PA6/TiO$_2$

(d) 含3%TiO$_2$的PVA/PA6/TiO$_2$　　　(e) 含4%TiO$_2$的PVA/PA6/TiO$_2$　　　(f) 含5%TiO$_2$的PVA/PA6/TiO$_2$

图 3-5　PVA/PA6 和不同 TiO$_2$ 含量的 PVA/PA6/TiO$_2$ 复合纳米纤维膜的扫描电镜图

为了进一步观察TiO$_2$颗粒在纤维中的分布状态，利用透射电镜对PVA/PA6与TiO$_2$含量占PVA/PA6质量3%的PVA/PA6/TiO$_2$复合纳米纤维进行表征。通过图3-6（a）与（b）比较，可以发现通过静电纺丝TiO$_2$成功负载在PVA/PA6纤维上，且TiO$_2$分布在纤维膜内部和表面。

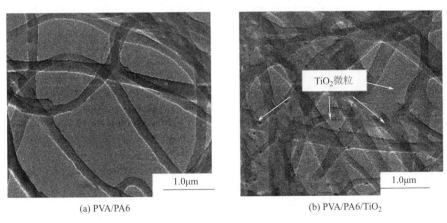

(a) PVA/PA6　　　　　　　　　　　　(b) PVA/PA6/TiO$_2$

图 3-6　PVA/PA6 和 PVA/PA6/TiO$_2$ 复合纳米纤维膜的透射电镜图

根据能谱测试要求，对PVA/PA6和PVA/PA6/TiO₂复合纳米纤维膜（TiO₂含量占PVA/PA6质量的3%）分别进行元素分析，测试结果如图3-7所示。制备的PVA/PA6复合纳米纤维含有C、N和O元素；PVA/PA6/TiO₂复合纳米纤维中除C、N、O三种基本元素外，还含有Ti元素。说明本研究制备的PVA/PA6/TiO₂复合纳米纤维成功负载上TiO₂颗粒。

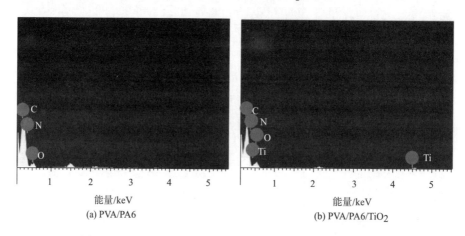

(a) PVA/PA6

(b) PVA/PA6/TiO₂

图 3-7 PVA/PA6 和 PVA/PA6/TiO₂ 复合纳米纤维膜的能谱图

图3-8为PVA/PA6和PVA/PA6/TiO₂复合纳米纤维膜（TiO₂含量占PVA/PA6质量的3%）的热重（TG）曲线。由图3-8可知，复合纳米纤维的热降解主要分为三个阶段:①从室温到250℃的过程中，复合纳米纤维膜表面吸

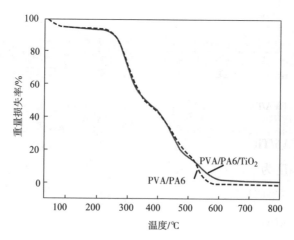

图 3-8 PVA/PA6 和 PVA/PA6/TiO₂ 复合纳米纤维膜的热重曲线

收的水分子消失；②在250～320℃范围内样品质量逐渐减少，是由于聚乙烯醇分子链上的氢键和酯基首先发生脱落，形成水和醋酸等小分子物质，在高温下产生分解转变为气相[9]；③320～600℃范围内样品质量急剧减少，聚酰胺分子链和聚乙烯醇主链发生断裂并逐步分解完全[12-13]。

图3-9为PVA/PA6和PVA/PA6/TiO$_2$复合纳米纤维膜（TiO$_2$含量占PVA/PA6质量的3%）的X射线衍射（XRD）曲线。通过两条曲线对比可以得出，在19.6°和21.5°均有较强的衍射峰出现，分别为PVA和PA6的特征峰。说明本实验成功将PVA和PA6进行复合纺丝获得PVA/PA6复合纳米纤维膜。此外，TiO$_2$的特征峰（27.4°、36.02°和41.3°）在PVA/PA6/TiO$_2$复合纳米纤维膜的X射线衍射曲线也有出现，表明在纺丝过程中TiO$_2$的晶型不发生转变，仍为锐钛矿型。

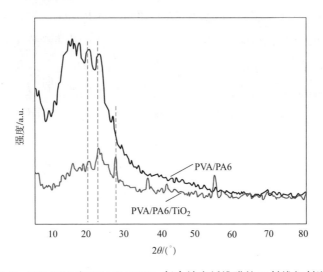

图 3-9　PVA/PA6 和 PVA/PA6/TiO$_2$ 复合纳米纤维膜的 X 射线衍射谱图

3.3.2　PVA/PA6/TiO$_2$ 复合纳米纤维膜的光催化降解性能

在环境温度为（25±1）℃，光强为300W的汞灯照射下，称取50mgPVA/PA6与不同TiO$_2$质量分数的PVA/PA6/TiO$_2$复合纳米纤维膜置于50mL的亚甲基蓝（初始浓度为5mg/L）溶液中，然后放入光化学反应仪中，分别经过20min、40min、60min、80min、100min及120min的反应，取4mL的亚甲基蓝溶液测定其在波长为664nm下的吸光度。根据式（3-1）计算复合纳米纤维膜对亚甲基蓝的降解率[11]。

　　根据光催化实验测试要求，测试本研究制备的几种复合纳米纤维膜的光催化性能，如图3-10所示。图3-10（a）是PVA/PA6和PVA/PA6/TiO₂复合纳米纤维膜（TiO₂含量占PVA/PA6质量的1%～5%）对亚甲基蓝溶液的降解实验结果。可以看出，随着TiO₂含量的增加，制备的复合纳米纤维膜对亚甲基蓝溶液的降解率逐渐增加，当TiO₂含量达到3%时，复合纳米纤维膜达到最高催化活性。在TiO₂含量超过3%后，降解率基本稳定，复合纳米纤维膜对亚甲基蓝溶液的催化活性达到平衡状态。同时，结合扫描电镜和透射电镜表征结果，可以认为本研究制备的PVA/PA6/TiO₂复合纳米纤维膜的TiO₂最佳含量为PVA/PA6质量的3%。

　　图3-10（b）中曲线分别为PVA/PA6和PVA/PA6/TiO₂复合纳米纤维膜（TiO₂含量占PVA/PA6质量的3%）降解过程中亚甲基蓝溶液的吸光度变化过程。随着反应时间的延长，亚甲基蓝溶液的吸光度逐渐降低，当反应时间达120min时，含有PVA/PA6复合纳米纤维膜的亚甲基蓝溶液颜色基本不变，但由于纳米纤维自身特性以及纤维中PVA组分的存在，复合纳米纤维膜表面含有羟基官能团，PVA/PA6复合纳米纤维膜能够吸附部分亚甲基蓝到纤维膜内部，随着反应时间的变化，亚甲基蓝溶液的吸光度也随之降低，最终降解率为26.7%；而含有PVA/PA6/TiO₂复合纳米纤维膜的

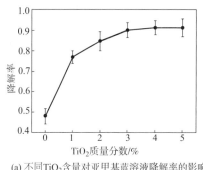

(a) 不同TiO₂含量对亚甲基蓝溶液降解率的影响

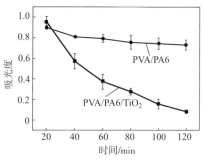

(b) 反应时间对亚甲基蓝溶液降解率的影响

图3-10　不同复合纳米纤维的光催化性能

溶液颜色接近透明，由于羟基和TiO₂表面活性位点的吸附作用，亚甲基蓝分子被移动到纤维内部的TiO₂微粒周围，在紫外光照射下TiO₂受到激发从而产生光生空穴和光生电子发生氧化降解反应，将亚甲基蓝分子转变为H_2O、CO_2等小分子物质，导致亚甲基蓝溶液吸光度大幅下降，降解率达到92.8%。结果说明，本研究制备的PVA/PA6/TiO₂复合纳米纤维膜表现出明显的光催化性能。

活性红X–3B的降解条件与亚甲基蓝的降解条件相同。在50mL活性红X–3B溶液（50mg/L）中分别加入50mg PVA/PA6/TiO₂复合纳米纤维膜和PVA/PA6复合纳米纤维膜（TiO₂含量占PVA/PA6质量的3%），用300W汞灯照射活性红X–3B溶液。每隔20min（0~120min）量取4mL反应溶液用紫外—可见分光光度计在538nm处测定溶液的吸光度值。实验结果如图3–11所示。

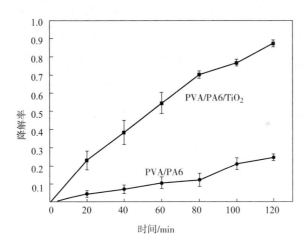

图 3–11　不同复合纳米纤维膜降解活性红 X–3B 曲线

根据图3–11可知，随反应时间的延长，PVA/PA6/TiO₂复合纳米纤维膜（TiO₂含量占PVA/PA6质量的3%）对活性红X–3B的降解率逐渐增加。当反应时间达120min时，PVA/PA6/TiO₂复合纳米纤维膜（TiO₂含量是PVA/PA6质量的3%）对活性红X–3B的降解率为87.5%，而PVA/PA6复合纳米纤维膜的降解率仅为24.7%。结果表明，本研究制备的复合纳米纤维膜对活性红X–3B具有良好的催化降解能力。

本文制备的PVA/PA6/TiO₂复合纳米纤维膜与其他催化剂负载材料的光催化性能对比见表3-1。

表 3-1　光催化性能对比

催化剂	催化底物	降解率	时间
PTFE/TiO₂ 纤维膜[14]	亚甲基蓝	82.5%	5h
石墨烯/TiO₂ 光催化剂[15]	亚甲基蓝	63%	5h
TiO₂ 负载聚酯织物[16]	亚甲基蓝	94.8%	150min
PVA/PA6/TiO₂ 复合纳米纤维膜[11]	亚甲基蓝，活性红 X-3B	92.8%	120min
		87.5%	120min

选取TiO₂含量是PVA/PA6质量3%的PVA/PA6/TiO₂复合纳米纤维膜作为重复使用实验的研究对象，按照光催化实验步骤，重复使用该纤维膜4次。由图3-12可知，纤维膜重复使用4次后，复合纳米纤维膜对两种染料的降解能力逐渐下降，催化剂活性有所减弱，但是其对亚甲基蓝和活性红X-3B的降解效率保持在85%和65%以上。说明本实验制备的纤维膜能够多次进行光催化降解反应，具有良好的光催化重复使用性能。降解率下降可能是随着反应次数增加，纳米纤维发生溶胀导致纤维间孔隙变小，使得溶液中的染料分子无法扩散至TiO₂表面，同时部分染料分子没有在清洗过程

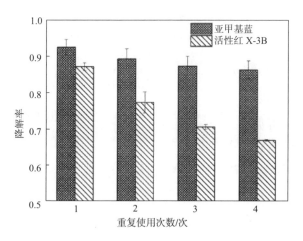

图 3-12　纳米纤维膜的重复使用性

中发生脱落，占据TiO_2表面的部分活性位点，导致复合纳米纤维膜的催化活性降低，对于染料的降解能力减弱。

　　本文利用静电纺丝技术制备$PVA/PA6/TiO_2$复合纳米纤维膜，将TiO_2成功负载在纳米纤维上，有效避免TiO_2颗粒在使用过程中发生团聚、难以二次回收等缺点。同时研究发现，通过调节适宜纺丝参数，可以制备纤维直径小（$150\sim250nm$）、形态均匀的$PVA/PA6/TiO_2$复合纳米纤维膜。添加微量TiO_2颗粒进行纺丝对制备的纳米纤维形态无明显影响，TiO_2颗粒均匀分布在纤维中；通过X射线衍射和热重分析可知，利用静电纺丝负载TiO_2不会发生晶型的转变，微量TiO_2的加入不影响$PVA/PA6$复合纳米纤维膜的热性能；复合纳米纤维膜中TiO_2的最佳负载量为$PVA/PA6$质量的3%。使用50mg $PVA/PA6/TiO_2$复合纳米纤维膜分别对50mL亚甲基蓝和活性红X–3B溶液进行降解反应，降解率分别为92.8%和87.5%，复合纳米纤维膜具备优异的光催化性能；在重复使用4次后，复合纳米纤维膜依然保持较高的催化降解能力，说明本研究制备的复合纳米纤维膜具备良好的重复使用性能。

3.4　PMMA/PU/ZnO 复合纳米纤维膜在光催化降解中的应用

3.4.1　PMMA/PU/ZnO 复合纳米纤维膜的制备

　　聚甲基丙烯酸甲酯（PMMA）是一种多功能玻璃态生物相容性良好的聚合物，对可见光具有优异的透过性、良好的加工能力，通过静电纺丝制备的PMMA纳米纤维膜耐磨性、力学性能和亲水性能较差，很难单独应用于污水处理等领域[17-18]。聚氨酯（PU）具有与染料的亲和性好、挠曲性好等优点，常被用于增强静电纺丝中纳米纤维膜的拉伸强度、弹性等力学性能[19-20]。等离子体处理是通过电场的加速，使获得能量的分子被激发或者发生电离形成活性基团，同时空气中的水分和氧气在高能电子的作用下也可产生大量的新生态氢、羟基等活性基团，以此改变高分子材料的结构，达到对材料表面进行亲水性改性或纤维表面清洁的方法。

复合纳米纤维膜的制备步骤为：称量适量的聚甲基丙烯酸甲酯和聚氨酯（PMMA、PU）溶于DMF中，采用磁力搅拌器于30℃搅拌2h直至完全溶解，制备质量分数为30%的PMMA/PU（PMMA：PU质量配比分别为8：2、7：3、6：4）混合纺丝液。称取一定质量的ZnO分散于静电纺丝液中（ZnO的质量分别占PMMA/PU总质量的2%、4%、6%、8%），采用磁力搅拌器及超声处理促进 ZnO 纳米粒子在纺丝液中均匀分布。将纺丝液移至注射器内，调节纺丝液流速为0.3mL/h，电压为19kV，接收距离为15cm，于室温下进行静电纺丝，经干燥后分别得到PMMA/PU、PMMA/PU/ZnO复合纳米纤维膜[21]。

采用日立S-4800扫描电子显微镜，对按不同比例（PMMA：PU配比为6：4、7：3、8：2）混纺的复合纳米纤维膜进行形貌观察，结果如图3-13所示。

由图3-13可以看出，静电纺制备的PMMA/PU/ZnO复合纳米纤维膜形态良好，当PMMA的质量配比较小时，纤维的直径均匀程度较低；随着PMMA的配比逐渐增加，复合纳米纤维膜直径分布较为均匀，但纤维直径逐渐增大。当PMMA与PU配比为7：3时，纤维具有良好的均匀性和较小的纤维直径。

| (a) PMMA：PU配比为6：4 | (b) PMMA：PU配比为7：3 |

(c) PMMA：PU配比为8：2

图 3-13　不同配比时 PMMA/PU 复合纳米纤维膜的扫描电镜图

采用日立S-4800扫描电子显微镜，对添加不同质量分数的ZnO的PMMA/PU（PMMA：PU配比为7：3）复合纳米纤维膜进行形貌观察，结果如图3-14所示。由图3-14可知，添加适量的ZnO粉体对复合纳米纤维膜形态无明显影响，随着ZnO质量分数的增加，复合纳米纤维膜的纤维上ZnO含量越多；当ZnO质量分数增加到8%时，ZnO的团聚现象较为严重；当ZnO质量分数增加到10%时，ZnO大量团聚导致难以形成均匀的静电纺丝溶液，无法进行静电纺丝。

采用日立S-4800型扫描电子能谱仪对PMMA/PU复合纳米纤维膜和PMMA/PU/ZnO复合纳米纤维膜进行能谱分析，结果如图3-15所示。

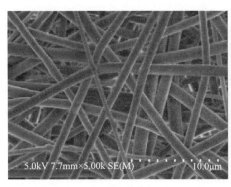

(a) ZnO质量分数为2%

(b) ZnO质量分数为4%

图 3-14

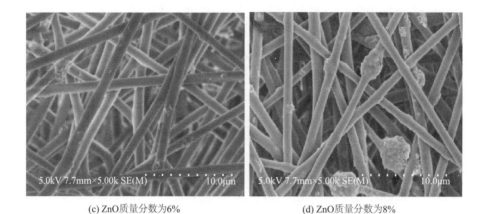

(c) ZnO质量分数为6%   (d) ZnO质量分数为8%

图 3-14　不同 ZnO 含量时 PMMA/PU/ZnO 复合纳米纤维膜的扫描电镜图

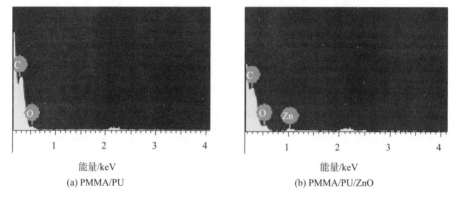

能量/keV   能量/keV
(a) PMMA/PU   (b) PMMA/PU/ZnO

图 3-15　PMMA/PU 和 PMMA/PU/ZnO 复合纳米纤维膜的能谱图

PMMA/PU复合纳米纤维膜主要含有C、O元素，PMMA/PU/ZnO复合纳米纤维膜存在C、O、Zn三种元素，结果说明，ZnO成功地负载在复合纳米纤维膜上。

利用SDC-100S接触角测定仪测量等离子处理前后PMMA/PU/ZnO复合纳米纤维膜的亲水性能，结果如图3-16所示。由图3-16分析可知，未经等离子仪处理的复合纳米纤维膜接触角为127.0°，表现为疏水性能。等离子处理功率为5W和10W时，复合纳米纤维膜的静态接触角分别为103.7°和10.2°。复合纳米纤维膜的静态接触角的变化表明，随着处理功率的增加，复合纳米纤维膜由疏水性向亲水性转变。当处理功率为15W时，液滴下降后能迅速地渗入复合纳米纤维膜，其静态接触角接近0，表明经等离子处理后复合纳米纤维膜具备良好的亲水性能。

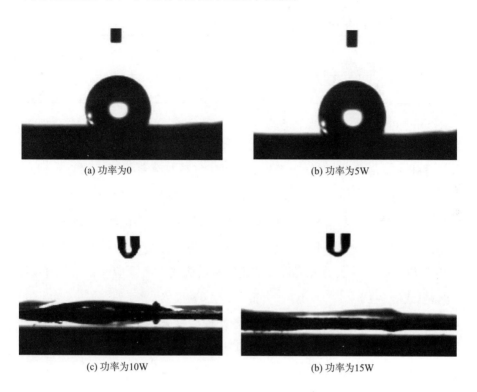

(a) 功率为0　　　　　　　　　　　　(b) 功率为5W

(c) 功率为10W　　　　　　　　　　　(b) 功率为15W

图 3-16　等离子处理前后复合纳米纤维膜静态接触角

利用YG020型电子单纱强力机对复合纳米纤维膜、等离子处理后复合纳米纤维膜（处理时间为1min，功率为15W）的力学性能及其断裂伸长率进行测试，测试结果见表3-2。由表3-2可知，PMMA纳米纤维膜的断裂伸长率仅为17.83%，通过与PU的混合纺丝，其断裂伸长率增加至81.42%，其弹性变形能力得到增加。通过等离子处理PMMA/PU复合纳米纤维膜后，其断裂强度与伸长率下降程度较小，原因是等离子处理与使用强氧化性化学试剂处理改善材料亲水性能的方式不同，只存在对纤维表面进行较弱的刻蚀[22-23]，因此对复合纳米纤维膜损伤较小，充分地体现出等离子处理的优势。

表 3-2　PMMA/PU 等离子处理前后复合纳米纤维膜力学性能测试数据

样品	断裂强度 / (cN/mm^2)	伸长率 /%
PMMA/PU 复合纳米纤维膜	36.115	81.42
PMMA/PU 等离子处理后 复合纳米纤维膜	34.655	61.85
PMMA 纳米纤维膜	46.260	17.83

3.4.2　PMMA/PU/ZnO 复合纳米纤维膜的光催化降解性能

称取40mg PMMA/PU和PMMA/PU/ZnO复合纳米纤维膜，放于50mL浓度分别为5mg/L亚甲基蓝溶液、10mg/L罗丹明B和50mg/L活性红溶液中，于XPA光化学反应仪中进行光催化实验。首先对复合纳米纤维膜进行避光吸附，然后在300W汞灯照射下，每隔30min取空白对照组和试验组，利用UV–5500型紫外可见分光光度计测定溶液的吸光度。反应底物的降解率D计算见式（3–1）。

取40mg复合纳米纤维膜、等离子处理后复合纳米纤维膜（处理时间为1min，功率为15W）在50mL的亚甲基蓝、活性红和罗丹明B溶液中进行吸附实验，每隔30min移取少量反应溶液进行吸光度测试，直到吸光度保持不变，每组测试重复3次，得出吸附率，实验结果如图3–17所示。

由图3–17可知，PMMA/PU/ZnO复合纳米纤维膜经过等离子处理后，对3种染料溶液的吸附性能均有一定的提升，原因是经过等离子处理后复合纳米纤维膜上含有大量亲水基团，能够增加对染料分子的吸附能力，使其与纤维膜上的ZnO颗粒进行充分接触，有助于后续光催化反应的进行，当吸附一定时间后，其对3种染料的吸附不再增加，因此表现为吸附性能而不是降解性能，对后续光催化降解染料性能不会产生影响。

取40mg等离子处理后复合纳米纤维膜（处理时间为1min，功率为15W）于50mL的亚甲基蓝、活性红和罗丹明B溶液中，达到吸附平衡后，在300W 汞灯下进行光催化实验，并通过式（3–1）计算出其降解率，结

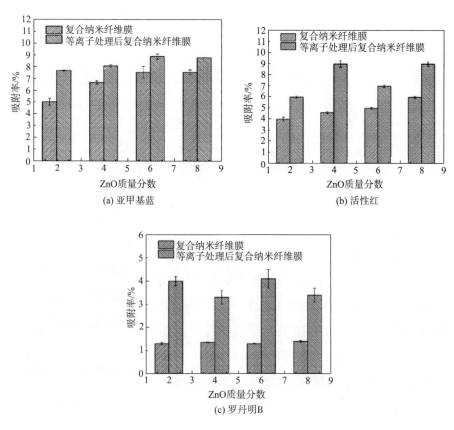

图 3-17　等离子处理前后复合纳米纤维膜对不同染料的吸附性能

果如图3-18所示。由图3-18分析可得，随着ZnO质量分数的增加，PMMA/
PU/ZnO复合纳米纤维膜对3种染料溶液的降解率不断增加，当反应时间达
到120min，ZnO质量分数分别为6%和8%时，其对亚甲基蓝和罗丹明B的
降解率趋于平稳，降解率分别达到85%和54%；随着ZnO添加量的继续增
加，无明显的上升趋势。当ZnO质量分数达到8%时其对活性红的降解率为
59%，且未趋向平稳，由于ZnO质量分数增加，静电纺丝难度增加和纤维
膜性能恶化，因此无法探究更高 ZnO质量分数的复合纳米纤维膜对活性红
的降解性能。

　　将40mg等离子处理后的PMMA/PU/ZnO复合纳米纤维膜重复使用3次，
并计算出每次的降解率，结果如图3-19所示。

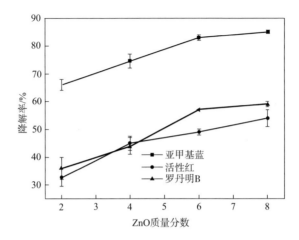

图3-18 不同ZnO含量的复合纳米纤维膜对不同染料的光催化降解率

由图3-19可知，PMMA/PU/ZnO复合纳米纤维膜重复使用3次后对亚甲基蓝、活性红和罗丹明B仍具备良好的催化性能，仍能达到初次对染料降解效果的82.3%、83.3%和79.7%。主要是因为复合纳米纤维膜在重复使用过程中不会发生纤维的溶胀甚至溶解作用，只存在少量的ZnO从复合纳米纤维膜中脱落，使其能够保持良好的降解性能。

利用静电纺丝技术成功制备了形态较好，纤维直径均匀的PMMA/PU/ZnO复合纳米纤维膜，经等离子处理后，对复合纳米纤维膜进行光催化测试发现：ZnO质量分数为8%的复合纳米纤维膜，2h内对亚甲基蓝、活性红和罗丹明B的降解率可达到85%、54%和59%，重复使用3次后的PMMA/

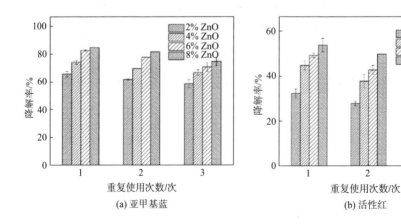

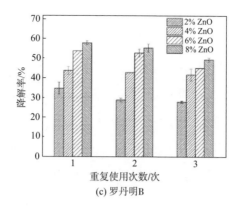

图 3-19　复合纳米纤维膜的重复使用性能

PU/ZnO复合纳米纤维膜对亚甲基蓝、活性红和罗丹明B的光催化活性与第一次之比仍可达到82.3%、83.3%和79.7%以上，这表明复合纳米纤维膜具备良好的光催化性能及重复使用性能。

3.5　PLA/Ag-TiO$_2$复合纳米纤维膜在光催化中的应用

3.5.1　PLA/Ag-TiO$_2$复合纳米纤维膜的制备

利用PLA能溶于二氯甲烷（CH$_2$Cl$_2$）而难溶于DMF这一性质，首先将PLA颗粒加入到CH$_2$Cl$_2$中溶解，然后添加一定比例的DMF搅拌获得均匀的纺丝液。然后在PLA纺丝液中分别加入不同质量的Ag-TiO$_2$，其占溶质的质量分数为0、1%、2%、3%和4%，在室温条件下继续匀速搅拌7h后，置于超声波处理器中超声处理30min，最终获得Ag-TiO$_2$分散均匀的PLA质量分数为10%的PLA/Ag-TiO$_2$纺丝溶液。纺丝12h后，制得PLA和不同Ag-TiO$_2$含量的PLA/Ag-TiO$_2$复合膜[24]。

通过扫描电镜观察纤维膜形态，结果如图3-20所示。由图3-20可知，PLA、PLA/Ag-TiO$_2$（1%）和PLA/Ag-TiO$_2$（2%）复合纳米纤维膜的纤维形态并没有明显的差异。因为Ag-TiO$_2$均匀地分散在纺丝液中，制备的纳米纤维膜成形良好，纤维粗细较为均匀，因此无明显差异。由图3-20（d）可知，PLA/Ag-TiO₂（3%）复合纳米纤维膜的纤维上出现明显串珠和大面积粘连现象，纤维形态差。这是因为Ag-TiO₂含量过高，无法均匀地分布在纺丝液中，Ag-TiO₂颗粒随着溶液流出并沉积在喷丝头前端，而溶剂不断挥发从而堵塞管口，导致纺丝液流动不畅，在高压电场下液滴无法被彻底拉伸，从而影响纺丝效果，不能形成均匀的纳米纤维。由上述分析可知，PLA/Ag-TiO₂（2%）纳米纤维膜中纤维成型稳定、粗细均匀、形态优良。

(a) PLA纳米纤维

(b) PLA/Ag-TiO₂(1%)纳米纤维

(c) PLA/Ag-TiO₂(2%)纳米纤维

(d) PLA/Ag-TiO₂(3%)纳米纤维

图 3-20　PLA 和 PLA/Ag-TiO₂ 复合纳米纤维膜的扫描电镜图

对照组和试验组过滤性能测试结果见表3-3。由表3-3可知，在温度、相对湿度、流量等条件相同的情况下，测试所使用的纺粘非织造材料过滤效率为30%~40%，而加有PLA/Ag-TiO$_2$复合纳米纤维膜的纺粘非织造材料的过滤效率最高可达95.70%。由此说明，通过静电纺丝技术制备的PLA/Ag-TiO$_2$复合纳米纤维膜具备更高效的过滤性能。因为纳米纤维直径小、孔隙率较高，能较好地发挥小尺寸效应和孔隙效应，因此，气溶胶粒子在经过试样时，被纳米纤维膜大量截留，导致过滤效率大幅提高。

表3-3　过滤性能测试结果

测试次数	过滤效率 /%		穿透率 /%	
	对照组	测试组	对照组	测试组
1	38.763	83.238	61.237	16.762
2	38.233	92.823	61.767	7.177
3	34.519	94.066	65.481	5.934
4	35.191	94.486	64.809	5.514
5	37.426	95.696	62.574	4.304

注　穿透率 =100%- 过滤效率

3.5.2　PLA/Ag-TiO$_2$复合纳米纤维膜的光催化降解性能

取质量为50mg的纳米纤维膜放于50mL的亚甲基蓝溶液中，在功率为300W的汞灯照射下，分别经过5min、15min、30min、50min及80min后，取一定量的亚甲基蓝溶液，测试其在664nm波长处的吸光度值。

在亚甲基蓝溶液中放置不同Ag-TiO$_2$含量的纳米纤维膜，在300W汞灯照射下，溶液在664nm处吸光度随时间变化情况如图3-21所示。由图3-21可知，在相同的外界条件下，随着反应时间的延长，亚甲基蓝溶液的吸光度逐渐降低。结合式（3-1）计算可知，当反应时间达到80min，加有PLA、PLA/Ag-TiO$_2$（1%）、PLA/Ag-TiO$_2$（2%）以及PLA/Ag-TiO$_2$（3%）的复合纳米纤维膜的亚甲基蓝溶液中的亚甲基蓝降解率分别达到31.6%、44.0%、53.5%及44.6%。

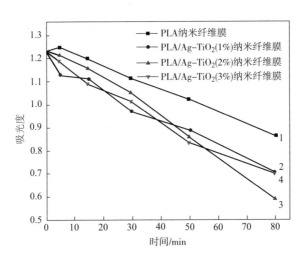

图 3-21　不同 Ag-TiO₂ 含量的复合纳米纤维膜光催化降解亚甲基蓝曲线

随着反应时间的延长，加有PLA纳米纤维膜的亚甲基蓝溶液的吸光度略有下降。因为通过静电纺丝制备的PLA纳米纤维的直径小、比表面积大。同时，其表面含有大量的羟基和羧基，对亚甲基蓝具有一定的吸附作用，使溶液的吸光度有所下降。

随着反应时间的延长，加有PLA/Ag-TiO₂复合纳米纤维膜的亚甲基蓝溶液的吸光度大幅降低。其原因是在汞灯照射条件下，Ag-TiO₂使亚甲基蓝分子发生氧化降解反应，造成溶液的吸光度迅速下降。其中，加有PLA/Ag-TiO₂（2%）复合纳米纤维膜的亚甲基蓝溶液在反应过程中，亚甲基蓝的降解效果最好。其良好的纤维形态结构及较高的Ag-TiO₂含量，有利于光催化反应的发生。而当Ag-TiO₂含量增加时，复合纳米纤维膜对亚甲基蓝的降解能力又趋于减弱。由于纳米纤维上出现粘连和串珠现象，难以维持良好的纤维形态，影响纳米纤维的孔隙效应及小尺寸效应的发挥，从而减弱对亚甲基蓝的光催化降解效果。

由上述结果及分析可以看出，PLA/Ag-TiO₂（2%）复合纳米纤维膜对质量浓度为5mg/L的亚甲基蓝溶液的光催化降解效果最佳。

将PLA/Ag-TiO₂（2%）复合纳米纤维膜重复使用5次，计算每次的降解率，结果见表3-4。

表 3-4　纳米纤维膜使用次数对催化效率的影响

使用次数	1	2	3	4	5
降解率 /%	53.00	60.04	53.70	61.10	57.50

由表3-4可知，PLA/Ag-TiO$_2$（2%）复合纳米纤维膜重复使用5次，对亚甲基蓝降解率都达到50%以上，均具有较好的催化降解率。因为PLA/Ag-TiO$_2$复合纳米纤维膜亲水性差，在反应过程中纤维膜不会溶解且没有发生破裂，从而易于回收。同时，Ag-TiO$_2$不是简单地吸附在PLA纤维上，两者相互之间结合紧密，所形成的结构十分稳定。在重复使用的过程中，不会有Ag-TiO$_2$大量脱落的现象产生，从而不会显著影响对亚甲基蓝的催化降解。

利用静电纺丝技术制备PLA/Ag-TiO$_2$复合纳米纤维膜，并研究复合纳米纤维膜的微观形态和对亚甲基蓝的光催化降解能力，同时测定其重复使用性能及过滤性能，主要得到如下结论:当Ag-TiO$_2$占PLA质量分数为2%（总质量分数为10%的纺丝液）时，制备的复合纳米纤维膜的纤维形态较好，纤维直径更加均匀；PLA/Ag-TiO$_2$（2%）复合纳米纤维膜对一定浓度的亚甲基蓝光催化效果较好；复合纳米纤维膜在重复使用5次过程中，仍保持较高的亚甲基蓝降解率，达到50%以上，而且复合纳米纤维膜的形态保持完整，可以重复使用。

3.6　TiO$_2$/PNBC 复合纳米纤维膜在光催化中的应用

3.6.1　TiO$_2$/PNBC 复合纳米纤维膜的制备

通过抽滤的方式将TiO$_2$纳米颗粒负载到丙纶熔喷非织造布上，并将负载TiO$_2$的非织造布放入装有培养液的试样瓶中，生物培养制备细菌纤维素纳米纤维膜，最终得到TiO$_2$/丙纶熔喷非织造布/细菌纤维素复合膜（TiO$_2$/PNBC复合膜），其制备如图3-22所示[25]。

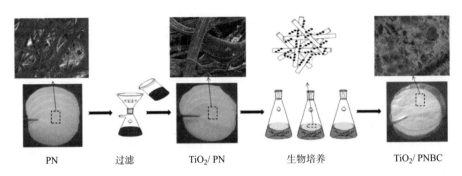

| PN | 过滤 | TiO₂/ PN | 生物培养 | TiO₂/ PNBC |

图 3-22　TiO₂/ 丙纶熔喷非织造布 / 细菌纤维素复合膜制备示意图

通过扫描电镜观察所制备样品的形态，发现细菌纤维素（BC），丙纶熔喷非织造布（PN），负载TiO₂的丙纶熔喷非织造布（TiO₂/PN），丙纶熔喷非织造布/BC复合膜（PNBC）和负载TiO₂的丙纶非织造布/BC复合膜（TiO₂/PNBC）样品的形貌不一。图3-23（a）为BC的微观形态，可以看出BC内部呈现出三维网状结构，该结构是由大量小直径纤维（小于100nm）相互交织形成的。图3-23（b）是具有光滑表面、不均匀直径、小尺寸和大孔的丙纶熔喷非织造布的扫描电镜图像。与图3-23（b）相比，TiO₂/PN的表面［图3-23（c）］被大量的TiO₂纳米颗粒包围，导致表面粗糙，并且一些

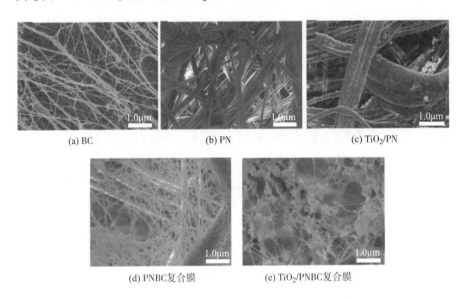

| (a) BC | (b) PN | (c) TiO₂/PN |

(d) PNBC复合膜　　(e) TiO₂/PNBC复合膜

图 3-23　不同纤维膜的扫描电镜图像

纳米颗粒也分布在由交错丙纶形成的孔隙中。因此，通过抽滤将TiO$_2$颗粒成功地负载到非织造布上。从图3-23（d）所示的PNBC复合膜的扫描电镜图像可以看出，BC纤维填充在非织造布的孔隙内。值得注意的是，由于BC纤维的机械缠结和氢键作用，TiO$_2$［图3-23（e）］可以自然地嵌入BC中，在培养液中菌体不断繁殖之后，有菌株附着在丙纶布上开始产出BC，其微纤维围绕丙纶生长和以相互交织形态填充在非织造布的孔隙内。因此，PNBC复合膜是通过纤维素氢键之间的相互作用和细菌纤维素对于丙纶布的包覆作用而形成的。

图3-24为PNBC和负载TiO$_2$的PNBC复合膜的能谱图。如图3-24（a）所示，PNBC复合膜由BC和丙纶组成，其中C和O为主要元素。图3-24（b）证实了在负载TiO$_2$的PNBC复合膜上出现了C、O和Ti元素。该现象可以证明，大量TiO$_2$纳米颗粒已经成功地负载在PNBC复合膜的表面上。

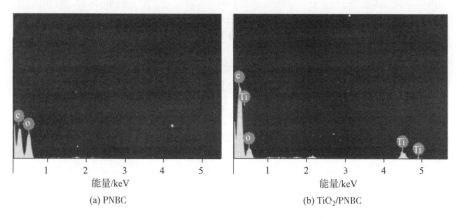

图 3-24　PNBC 和 TiO$_2$/PNBC 复合膜的能谱图

图3-25是BC、PN、TiO$_2$和TiO$_2$/PNBC的X射线衍射测试结果。PN的测试谱线如图3-25所示，其中14.2°、16.7°、17.9°和21.9°分别为晶面（110）、（040）、（130）和（111）的特征峰，表明PN的结晶结构属于典型的聚丙烯α晶体结构。由BC的X射线衍射曲线可知，制备的纯BC的晶型属于典型的纤维素Ⅰ型。由TiO$_2$的X射线衍射曲线可以看到，锐钛矿型TiO$_2$的特征晶面（101）、（004）、（200）、（211）、(204)、（116）

和（220）的相应衍射峰[27]，其2θ值分别为25.36°、37.82°、48.08°、54.98°、62.72°、70.2°和74.9°。在TiO$_2$/PNBC复合膜的谱线中有PN、BC和TiO$_2$特征峰的出现。

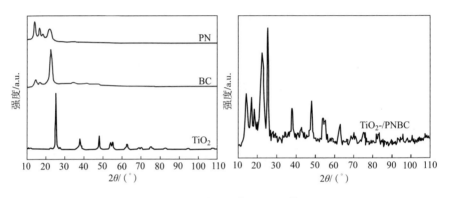

图 3-25　不同纤维膜的 XRD 谱图

3.6.2　TiO$_2$/PNBC复合纳米纤维膜的光催化降解性能

图3-26为以不同使用量（10mg、20mg和30mg）的TiO$_2$/PNBC复合膜作为光催化剂，20mg的PNBC复合膜作为对照组，在紫外光下催化降解5mg/L的亚甲基蓝溶液（50mL）的实验结果。由图3-26可知，使用质量为20mg的PNBC复合膜与亚甲基蓝溶液发生反应，在反应120min

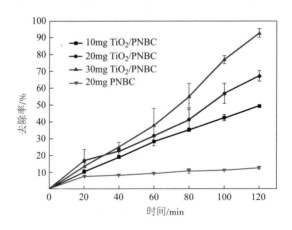

图 3-26　不同使用量的 TiO$_2$/PNBC 复合膜降解亚甲基蓝的降解效果

后PNBC复合膜对于反应溶液中亚甲基蓝的去除率仅为12.2%，在整个反应过程中复合膜的吸附能力和亚甲基蓝的自降解作用起主导作用，说明PNBC复合膜具备吸附作用但没有光催化降解性能。然后，使用不同质量TiO$_2$/PNBC复合膜降解相同条件的亚甲基蓝溶液，其亚甲基蓝去除率均远高于PNBC复合膜，且随着复合膜用量的增加，降解效果越明显，说明整个反应过程中有亚甲基蓝分子被大量光催化降解，TiO$_2$/PNBC复合膜具有优异的光降解效果。基于制备工艺以及催化污染物质量，本研究选取30mg的TiO$_2$/PNBC复合膜作为后续光催化实验的光催化剂。

通过前文光催化实验可知，底物浓度会影响光催化剂的实际降解效果。因此，为了探究底物浓度对于TiO$_2$/PNBC复合膜光降解亚甲基蓝的降解效果的影响，使用30mg TiO$_2$/PNBC复合膜分别与初始浓度为5mg/L、10mg/L、15mg/L、20mg/L的亚甲基蓝溶液进行反应，具体实验结果如图3-27所示。研究结果发现，在低浓度的条件下，TiO$_2$/PNBC复合膜降解亚甲基蓝的效果较佳，随着底物浓度的增加，复合膜对于亚甲基蓝的去除率不断下降。并且TiO$_2$/PNBC复合膜反应过程符合准一阶动力学方程，且反应速率随着初始浓度增加而减小（表3-5）。

表3-5　TiO$_2$/PNBC复合膜光降解亚甲基蓝的准一级动力学参数

浓度/（mg/L）	表观速率常数（K值）	线性相关系数（R^2）
5	0.00788	0.998
10	0.00623	0.986
15	0.00453	0.981
20	0.00245	0.968

本研究考察了亚甲基蓝溶液分别在酸性、中性以及碱性条件下，TiO$_2$/PNBC复合膜催化降解亚甲基蓝的能力变化情况。在不同pH条件下，

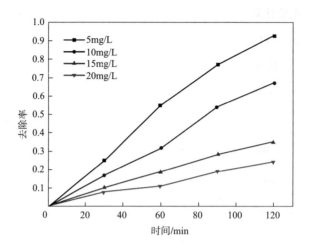

图 3-27 底物浓度对于光催化效果的影响

30mg TiO$_2$/PNBC复合膜催化降解亚甲基蓝的实验结果见表3-6。由表3-6可知，在碱性条件下，TiO$_2$/PNBC复合膜催化降解亚甲基蓝效果最好，原因是亚甲基蓝为碱性染料，在水溶液中其发色基团呈正电性，而在碱性条件下光催化剂受光激发产生的e$^-$数量增多，使得催化剂表面带负电荷，由于电荷吸引作用，将有利于亚甲基蓝分子被吸附到催化剂附近，光降解效果显著[28]。

表 3-6 不同 pH 条件下 TiO$_2$/PNBC 复合膜对于亚甲基蓝溶液的去除率

溶液 pH	去除率
酸性	70.3%
中性	64.9%
碱性	89.5%

为了验证TiO$_2$/PNBC复合膜的光催化降解能力的持久性，本研究使用30mg的复合膜进行多次循环亚甲基蓝降解实验。在每次循环实验开始前，将所使用的TiO$_2$/PNBC复合膜清洗干净，脱去复合膜表面残留的亚甲基蓝分子，然后经过冷冻干燥处理。再将其放入相同浓度的亚甲基蓝溶液

中进行新的光催化降解实验，并利用式（3-1）计算每次循环实验中亚甲基蓝的去除率，具体数据如图3-28所示。经过多次循环实验后，降解效率虽然有所下降，但第4次使用复合膜的亚甲基蓝去除率依然有87.5%，这说明TiO$_2$/PNBC复合膜光催化性能基本保持不变，具有较为稳定的重复使用能力。

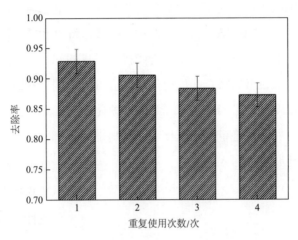

图 3-28 TiO$_2$/PNBC 复合膜的重复使用性能

本研究采用抽滤浸渍法和生物培养法相结合的方法，实现非织造布与细菌纤维素的原位复合，进而制得负载TiO$_2$的丙纶非织造布/细菌纤维素复合膜，并将其用于光催化降解亚甲基蓝染料实验。实验结果如下：扫描电镜测试结果表明，非织造布纤维与细菌纤维素相互缠绕且结合紧密，而二氧化钛颗粒被包覆在两种纤维之间。通过X射线衍射分析可知，包覆在复合膜内的二氧化钛的晶型不变；本文还通过改变亚甲基蓝溶液配制参数（亚甲基蓝溶液初始浓度和pH），研究TiO$_2$/PNBC复合膜的光催化性能。研究发现TiO$_2$/PNBC复合膜对于亚甲基蓝的降解效果受实验因素（初始浓度和pH）影响。结果表明，随着亚甲基蓝溶液的初始浓度的增加，TiO$_2$/PNBC复合膜的催化能力不断减小；在高pH溶液环境下，TiO$_2$/PNBC复合膜的降解效果最佳。此外，对TiO$_2$/PNBC复合膜的反应过程进行了动力学分析，表明降解亚甲基蓝的过程符合准一级动力学方程。

3.7 展望

　　光催化纳米纤维以其优异的性能被广泛应用于各个领域，尤其是光催化领域，在国内外已经有了大量研究并取得了显著进展[28]。它具有较大的比表面积和较高的孔隙率，可降低污染物透过纤维膜时的阻力，并有效解决传统催化剂活性位点少、反应物间接触不良的问题。同时，纳米纤维催化剂具有纤维成型的特点，使得催化反应可控可调，从而有效地降低回收再利用的难度。但是当前纳米纤维的规模化生产能力与实际应用仍存在一定差距，更加高效稳定的光催化剂，特别是对于充分利用可见光源的催化剂还需要开展更为深入的研究[29-30]。

参考文献

［1］ANU M, BHUPENDRA S B. Deposition of Ag doped TiO_2 on cotton fabric for wash durable UV protective and antibacterial properties at very low silver concentration［J］. Cellulose, 2017, 24（8）: 1-17.

［2］凤权, 钱怡帆, 桓珊, 等. PMMA/OMMT/TiO_2 复合纳米纤维膜的制备及其光催化性能［J］. 东华大学学报（自然科学版）, 2018, 44（1）: 28-32.

［3］夏鑫, 凤权, 魏取福, 等. PVAc/SnO_2 杂化纳米纤维的光催化及力学性能［J］. 纺织学报, 2011, 32（8）: 12-16.

［4］李跃军, 曹铁平, 王长华, 等. CeO_2/TiO_2 复合纳米纤维的制备及光催化性能研究［J］. 化学学报, 2011, 69（21）: 597-602.

［5］李跃军, 曹铁平, 梅泽民. 异质结型 $BaTiO_3$/TiO_2 复合纳米纤维的制备及光催化性能［J］. 无机材料学报, 2014, 29（7）: 741-746.

［6］KEUNH L. Mechanical behavior of electrospun fiber mats of poly（vinyl chloride）/polyurethane polyblends［J］. Journal of Polymer Science Part B: Polymer Physics，2003，41（11）：1256–1262.

［7］陶亚茹，谢汝义，张琳萍，等. 可见光催化剂 BiOI 的制备及其对活性蓝 KN–R 的降解机理［J］. 东华大学学报（自然科学版），2015，41（6）：774–780.

［8］FENG Q. Immobilization of catalase on electrospun PVA/PA6–Cu（Ⅱ）nanofibrous membrane for the development of efficient and reusable enzyme membrane reactor［J］. Environmental Science & Technology，2014，48（17）：10390–10397.

［9］徐艳. 静电纺尼龙 6/ 聚乙烯醇复合材料的结构性能与吸声性能研究［D］. 苏州：苏州大学，2015.

［10］刘波，王路峰，吴亚舟，等. 同轴静电纺丝技术制备 PVA/TiO₂ 纳米纤维及光催化性能研究［J］. 浙江理工大学学报，2014，31（3）：160–164.

［11］胡金燕，刘锁，武丁胜，等. PVA/PA6/TiO₂ 复合纳米纤维膜制备及光催化性能［J］. 功能材料，2020，51（7）：7148–7154.

［12］YEONH Y. Physical properties of mungbean starch/PVA bionanocomposites added nano–ZnS particles and its photocatalytic activity［J］. Journal of Industrial and Engineering Chemistry，2018，12（68）：57–68.

［13］ZHAN P F. Electrically conductive carbon black/electrospun polyamide 6/poly（vinyl alcohol）composite based strain sensor with ultrahigh sensitivity and favorable repeatability［J］. Materials Letters，2018，236：60–63.

［14］张梦媛，黄庆林，黄岩，等. 静电纺聚四氟乙烯 / 二氧化钛光催化纳米纤维膜的制备及其应用［J］. 纺织学报，2019，40（9）：1–7.

［15］王喜全，赵丹丹，于丽红. 石墨烯 / 二氧化钛降解亚甲基蓝的研究［J］. 环境工程，2015，33（2）：38–42.

［16］周存，李叶燃，马悦，等. 二氧化钛负载聚酯织物的制备及其光催化

性能［J］.纺织学报，2018，39（11）：91–95.

［17］方梦珍，高涵超，覃小红，等.静电纺 PMMA/LiCl 复合纳米纤维膜对盐性和油性气溶胶颗粒物的过滤性能［J］.东华大学学报（自然科学版），2019，45（3）：345–352，357.

［18］李鑫，凤权，武丁胜，等.PMMA 基抗静电纳米纤维的制备及其性能研究［J］.化工新型材料，2016，44（7）：231–233，236.

［19］王玉浩，马万彬，周彦粉，等.静电纺聚氨酯纳米纤维膜的制备及其性能研究［J］.塑料工业，2019，47（8）：151–155.

［20］李亚静，唐文英，王泽颖，等.羟基磷灰石/聚氨酯复合纳米纤维制备及其对重金属 Cd2+ 的吸附应用研究［J］.塑料工业，2018，46（11）：137–140，158.

［21］刘锁，凤权，胡金燕，等.聚甲基丙烯酸甲酯、聚氨酯和氧化锌复合纳米纤维膜的制备及其光催化性能［J］.环境化学，2021，40（5）：1567–1574.

［22］申晓.涤纶纤维表面改性处理及其复合材料性能研究［D］.杭州：浙江理工大学，2018.

［23］汪毅.PE/PP 非织造布等离子体改性及其亲水抗静电性能的研究［D］.上海：东华大学，2009.

［24］胡金燕，凤权，李伟刚，等.静电纺 PLA/Ag–TiO$_2$ 纳米纤维膜的制备及性能［J］.东华大学学报（自然科学版），2019，45（2）：176–180.

［25］HU J，WU D，FENG Q，et al. Soft high–loading TiO$_2$ composite biomaterial film as an efficient and recyclable catalyst for removing methylene blue［J］. Fibers and Polymers，2020，21（8）：1760–1766.

［26］高瑞，侯万国.AgI 负载纳米介孔 TiO$_2$ 的制备及其光降解性能［J］.青岛科技大学学报（自然科学版），2020，41（2）：29–34.

［27］张蒙，徐阳.细菌纤维素/间隔织物复合材料的制备及过滤性能研究［J］.化工新型材料，2019，47（8）：233–236.

［28］郭荣辉，杜邹菲.光催化纳米纤维的制备及其应用进展［J］.成都纺织高等专科学校学报，2017，34（2）：180-185.

［29］陈文杰，陈曼，周向阳，等.静电纺丝纳米纤维催化剂在环境治理中的应用进展［J］.化工新型材料，2019，47（6）：44-48.

［30］涂舜恒，郑佳玲.静电纺丝法制备纳米纤维在水体污染治理中的应用与研究进展［J］.广东化工，2019，46（16）：244-245.

第4章 功能性纳米纤维膜在生物催化中的应用

4.1 引言

    酶作为生物催化剂，具有反应条件温和、催化效率高、对底物具有高度的选择性、活性可控等优点。但在自由状态的游离酶具有不稳定性，在高温、强酸、强碱及部分有机溶液中容易导致酶的构象变化，甚至是蛋白变性，使其催化活性降低甚至完全丧失。即使在反应最适条件下，也往往会很快失活。另外，自由酶混入反应体系中，使产品分离纯化变得更加复杂，酶也因此难以重复使用[1-3]。固定化酶技术是基于某一载体将酶限制于一定区域内，进行其特有的催化反应。与游离酶相比，固定化酶不仅保持其高效、温和、专一等反应特性，还呈现稳定性高、可多次重复使用、操作连续及可控、分离回收容易等一系列优点，在纺织工程、生物工程、食品工业、医药与生命科学、环境科学等很多领域得到迅速发展[4-6]。目前，设计适用的固定化方法，构建性能优异的酶固定载体是固定化酶技术的研究热点。

    过氧化氢酶是催化过氧化氢分解成氧和水的酶，广泛存在于哺乳动物的红细胞、肝脏，植物的叶绿体及部分微生物中，能保护细胞免受体内代谢物的破坏。大多数来源不一的过氧化氢酶由相对分子质量为 $65 \sim 80kD$ 的亚基所组成，每个亚基含有一个血红素辅基作为活性位点，该辅基的形式为铁卟啉[7]。漆酶是一种含铜的多酚氧化酶，是一种典型的氧化还原酶，它大量分布于自然环境中，主要分为真菌漆酶和漆树漆酶，漆酶具有优异的催化能力，不仅能催化氧化众多的有毒酚类化合物，而且能高效降解木质素，在纺织、环保、医药等方面具有良好的应用前景[8]。

4.2　再生纤维素纳米纤维膜固定化过氧化氢酶

4.2.1　静电纺再生纤维素纳米纤维膜的制备

分别选取甲基丙烯酸羟乙酯（HEMA）、甲基丙烯酸二甲氨基乙酯（DMAEMA）以及丙烯酸（AA）作为接枝单体，采用ATRP改性技术制备了四种静电纺纳米纤维膜，即RC、RC–poly（HEMA）、RC–poly（DMAEMA）和RC–poly（AA），如图4-1所示。其中采用质量分数为0.1%的二乙基氯化乙酯的THF/DMSO电纺得到CA纳米纤维膜；静电纺CA纳米纤维膜浸入0.05 mol/L氢氧化钠水溶液中水解得到RC纳米纤维膜；静电纺RC纳米纤维膜先后浸入THF及2–BIB、TEA和THF的混合物中进行预处理，然后分别用三种聚合物链进行表面接枝，分别得到RC–poly（HEMA）、RC–poly（DMAEMA）和RC–poly（AA）纳米纤维膜[9]。过氧化氢酶分子在表面分

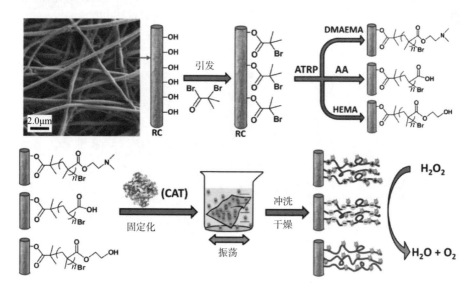

图 4-1　三种聚合物链的表面接枝及过氧化氢酶（CAT）固定化示意图

别用poly（DMAEMA）、poly（AA）和poly（HEMA）修饰的不同RC纳米纤维膜上的表面接枝及酶固定化示意图如图4-1所示。

　　RC纳米纤维膜由直径为200～400nm的纤维组成，如图4-2（a）所示，纳米纤维相对均匀，没有串珠状纳米纤维。通过ATRP方法进行表面修饰后，RC-poly（HEMA）、RC-poly（DMAEMA）和RC-poly（AA）纳米纤维膜［图4-2（b）（c）（d）］无显著差异。这表明，在与HEMA、DMAEMA和AA发生ATRP反应后，纳米纤维膜的形态结构可以得到很好的保留。与RC纳米纤维相比，RC-poly（HEMA）、RC-poly（DMAEMA）和RC-poly（AA）纳米纤维的直径分别增加了约20%、20%和10%，这是由于表面接枝的聚合物分子。纳米纤维之间的孔隙大小也是底物对流传输到固定化酶分子的理想选择，提高了相对于多孔珠和微纤维载体的整体转化效率。

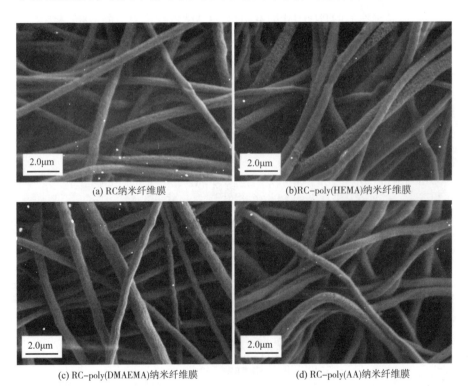

(a) RC纳米纤维膜　　　　　　　　(b)RC-poly(HEMA)纳米纤维膜

(c) RC-poly(DMAEMA)纳米纤维膜　　　　(d) RC-poly(AA)纳米纤维膜

图 4-2　不同纳米纤维膜的形态结构

　　采用傅里叶红外光谱仪研究了RC、RC-poly（HEMA）、RC-poly

（DMAEMA）和RC-poly（AA）纳米纤维膜之间的化学差异如图4-3所示[9]。RC纳米纤维膜的红外光谱曲线在3300cm^{-1}和3500cm^{-1}左右存在RC的羟基特征峰。RC-poly（AA）纳米纤维膜的红外光谱曲线在1551cm^{-1}和1428cm^{-1}的吸收峰是由于表面接枝聚（AA）链/刷中羧酸离子的不对称振动和对称拉伸运动[10-11]而产生。在RC-poly（AA）和RC-poly（HEMA）纳米纤维膜的红外光谱曲线中，1641cm^{-1}、1674cm^{-1}处的拉伸振动峰表明RC膜与AA和HEMA表面接枝后分别存在酯基和羧基。RC-poly（DMAEMA）在1749cm^{-1}处的特征峰可能归因于DMAEMA中碳基的拉伸运动，这表明poly（DMAEMA）链在RC纳米纤维表面接枝成功[12]。

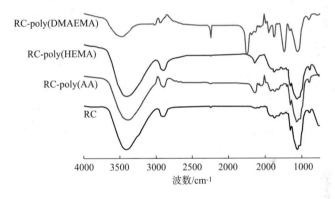

图4-3 不同纳米纤维膜的红外光谱图

最初，过氧化氢酶的固定化量随着ATRP反应时间的增加而增加，达到最大值后逐渐降低。图4-4中，ATRP对poly（HEMA）、poly（DMAEMA）和poly（AA）的最佳反应时间分别为40min、8h和22h，相应的固定化量分别为（78±3.5）mg/g、（67±2.7）mg/g和（34±2.3）mg/g，与未修饰的RC纳米纤维膜[（28±1.8）mg/g]相比分别提高了178%、139%和21%。这明显高于先前报道的Zr（IV）改性胶原纤维（45.4mg/g）[13]、多孔玻璃珠表面化3-氨基丙基三甲氧基硅烷（6.9mg/g）[14]、壳聚糖-g-聚（硝酸）-Fe（III）膜（37.8mg/g）[15]、聚（苯乙烯-D-乙基丙烯酸）-四乙基二乙基三胺微珠（40.8mg/g）[16]、和聚丙烯腈乙二醇共聚物纳米纤维膜（46.5mg/g）[17]。在ATRP反应中，所产生的纳米纤维膜具有三维纳米层，为酶固定提供了大量的结合位点，然而进一步延长聚合时间将使纳米层变厚。静电相互作用是影响酶固定化量的一个重要因素。当pH为7时，RC-poly（DMAEMA）纳米纤维膜带正电荷[18]，而过氧化氢酶带负电荷[19]。因此，静电吸引将在过氧化氢酶分子和RC-poly（DMAEMA）纳米纤维膜之间提供额外的结合作用。对于RC-poly（HEMA）纳米纤维膜，每个poly（HEMA）链的重复单元都有一个羟基，过氧化氢酶分子将通过氢键或范德瓦尔斯力被吸附到RC-poly（HEMA）纳米纤维膜上。

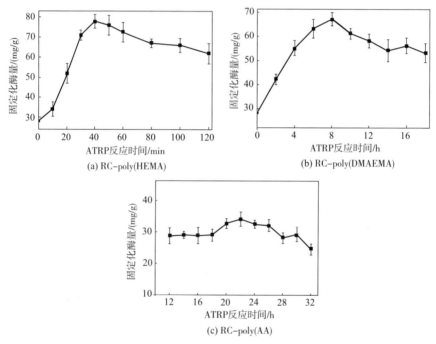

图4-4　不同纳米纤维膜的固定化酶量与ATRP反应时间的关系

本文研究了在35℃下过氧化氢酶固定化在pH为4～9范围内的最佳值。如图4-5所示，在pH分别为6.5、6.5、6和5时，测定了RC、RC-poly（HEMA）、RC-poly（DMAEMA）和RC-poly（AA）纳米纤维膜上的最大固定量。在不同的pH下，静电相互作用会改变带电过氧化氢酶分子和纳米纤维膜之间的作用力[20]。理论上，过氧化氢酶的最大固定量可能在过氧化氢酶的等电点附近，但本研究在pH为5.4时观察到过氧化氢酶的絮凝沉淀。对于RC-CAT、RC-poly（HEMA）-CAT、RC-poly（DMAEMA）-CAT和RC-poly（AA）-CAT膜（过氧化氢酶在pH为4～9内固定），在35℃下测定比活性，pH为7。在四种纳米纤维膜〔即RC、RC-poly（HEMA）、RC-poly（DMAEMA）和RC-poly（AA）〕中，过氧化氢酶分子在pH为7时具有高活性的构象，因此，在之后的研究中，选择中性条件（即pH=7）进行过氧化氢酶固定。

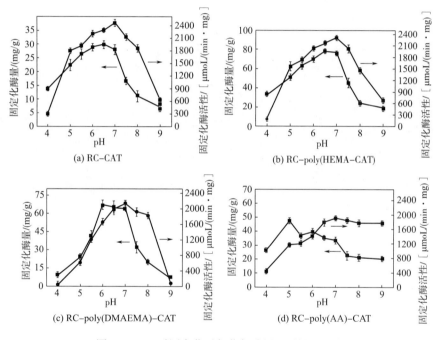

图 4-5　pH 对固定化过氧化氢酶量和活性的影响

4.2.2　再生纤维素纳米纤维膜固定过氧化氢酶的性能

固定化过氧化氢酶的热稳定性是考虑到实际应用的一个重要参数，图4-6（a）显示了游离过氧化氢酶和固定化过氧化氢酶的热稳定性变化。研究固定化酶在50mmol/L磷酸缓冲盐（PBS）溶液（pH=7）中培养5h，同时将30℃条件下游离和固定化过氧化氢酶的活性设置为100%。一般来说，游离过氧化氢酶和固定化过氧化氢酶的活性都随着温度的升高而降低。固定化过氧化氢酶［即RC-CAT、RC-poly（HEMA）-CAT、RC-poly（DMAEMA）-CAT和RC-poly（AA）-CAT］在60℃放置5h后保留了超过一半的初始活性，而在相同条件下，游离过氧化氢酶的活性降低了近90%。固定化过氧化氢酶较高的残余活性和热稳定性可能归因于酶分子运动的空间限制，提高了抗失活的稳定性[21]。酶活性的降低是一种具有时间依赖性的自然现象，但酶活性的降低程度可以通过固定化而大幅减轻。固定化酶分子可以更好地保持酶的构象形态，可以防止其长期储存后的失活，从而提高储存稳定性[22]。

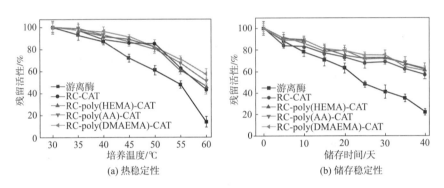

图4-6　固定化和游离过氧化氢酶的热稳定性和储存稳定性

反应温度对游离过氧化氢酶和固定化过氧化氢酶相对活性的影响如图4-7（a）所示。过氧化氢酶的相对活性一开始会随着反应温度的升高而升高，之后随着反应温度的进一步升高而降低。在固定化和游离条件下，过氧化氢酶的相对活性最高分别为35℃和40℃。在5～70℃的整个温度范围内，固定化过氧化氢酶的相对活性高于游离过氧化氢酶。固定化过氧化氢酶较高的相对活性主要归因于固定化过氧化氢酶分子结构稳定性的增加，而过氧化氢酶分子与支架上三维纳米层之间的多点相互作用可能提供进一步的保护，防止高温下失活[13]。

溶液pH对游离过氧化氢酶和固定化过氧化氢酶相对活性的影响如图4-8（b）所示。游离CAT、RC-CAT和RC-poly-（HEMA）-CAT的最佳pH为7，而RC-poly（DMAEMA）-CAT和RC-poly（AA）-CAT的最佳

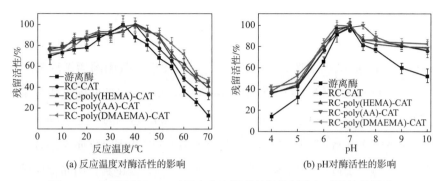

(a) 反应温度对酶活性的影响　　　　　(b) pH对酶活性的影响

图 4-7　反应温度和 pH 对固定化和游离过氧化氢酶相对活性的影响

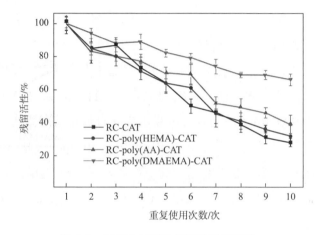

图 4-8　固定化过氧化氢酶的残留活性

pH分别移到6.5和7.5。这些结果表明，固定化过氧化氢酶的相对活性会受到微环境的影响（如纳米纤维膜表面附近区域的pH的影响）。对于RC-poly（DMAEMA）纳米纤维，poly（DMAEMA）的每个重复单元都有一个二甲基氨基，在中性溶液中带正电荷，氢氧根离子将聚集在RC-poly（DMAEMA）纳米纤维膜表面附近。同样，poly（AA）的每个重复单元都有一个羧基；因此，RC-poly（AA）纳米纤维膜在中性溶液中带负电荷，过氧化氢酶固定在RC-poly（AA）纳米纤维膜上的最佳pH将增加到7.5。然而，在整个检测范围中，固定化过氧化氢酶对pH的敏感性较低，固定化过氧化氢酶的残留活性一般高于游离过氧化氢酶。据推测，这是由于纳米纤维膜表面可能存在氧气[23]。

表4-1总结了K_m活性、K_m值（Michaelis-Mententen常数）和V_{max}值最大值（最大反应速率）。游离过氧化氢酶在（4202±61）$\mu mol/$（mg·min）时的比活性最高，而RC-CAT、RC-poly（HEMA）-CAT、RC-poly（DMAEMA）-CAT和RC-poly（AA）-CAT的酶活性分别为（2464±82）$\mu mol/$（mg·min）、（2302±72）$\mu mol/$（mg·min）、（2210±63）$\mu mol/$（mg·min）和（1926±48）$\mu mol/$（mg·min）。过氧化氢酶分子固定在纳米纤维膜上会阻碍过氧化氢分子到固定化酶分子活性位点的扩散，从而降低固定化过氧化氢酶的比活性[24-25]。研究结果表明，游离过氧化氢酶的V_{max}值高于固定化过氧化氢酶，K_m值低于固定化过氧化氢酶。V_{max}指酶在底物饱和时的最高反应速率，这反映了酶的内在特性；而K_m指$V_{max}/2$反应速率下的过氧化氢浓度，反映了酶对底物的亲和力[26-28]。根据V_{max}和K_m的动力学参数，RC-poly（HEMA）和RC-poly（DMAEMA）的纳米纤维膜固定化过氧化氢酶具有良好的生物相容性[29-30]。与游离过氧化氢酶相比，RC、RC-poly（HEMA）和RC-poly（DMAEMA）膜中固定化过氧化氢酶的V_{max}值分别为64.1%、60.2%和56.9%。表4-1所示为游离酶、RC-CAT、RC-poly（HEMA）-CAT、RC-poly（DMAEMA）-CAT和RC-poly（AA）-CAT在pH分别为7、7、7、6.5和7.5时的最佳活性。

表4-1 固定化和游离条件下过氧化氢酶的比活性和动力学参数

种类	最佳活性 / [$\mu mol/$ (mg·min)]	$K_m/$ (mmol/L)	V_{max} [$\mu mol/$ (mg·min)]
游离酶	4202 ± 61	38.14	8474
RC-CAT	2464 ± 82	44.02	5434
RC-poly（HEMA）-CAT	2302 ± 72	44.89	5102
RC-poly（DMAEMA）-CAT	2210 ± 63	46.98	4651
RC-poly（AA）-CAT	1926 ± 48	65.07	4366

与游离过氧化氢酶不同，固定化过氧化氢酶可以重复使用。如图4-8所示，重复使用10次后（每次用固定化过氧化氢酶的纳米纤维膜后用PBS冲洗），RC-CAT、RC-poly（HEMA）-CAT、RC-poly（DMAEMA）-CAT和RC-poly（AA）-CAT的残留活性分别为28%±2.6%、32%±6.4%、66%±3.3%和39%±5.6%。这表明，RC-poly（DMAEMA）-CAT在可重用性方面表现出最好的性能。如前所述，RC-poly（DMAEMA）纳米纤维膜在pH为7.0时带正电荷，而过氧化氢酶分子则带负电荷。因此，静电吸引可以使固定化酶结合稳定。而对于RC-poly（HEMA）-CAT纳米纤维膜，每个poly（HEMA）链的重复单元都有一个羟基，过氧化氢酶分子将通过氢键或范德瓦尔斯力被结合到RC-poly（HEMA）上。因此，RC-poly（HEMA）-CAT在可重复使用方面表现出相当高的性能，尽管它相对低于RC-poly（DMAEMA）-CAT。

RC纳米纤维膜（纤维直径200~400nm）通过ATRP反应在不同聚合物表面接枝功能性分子刷，并高密度固定化过氧化氢酶。Poly（HEMA）、poly（DMAEMA）和poly（AA）的最佳ATRP反应时间分别为40min、8h和22h，而相应的固定化量分别为（78±3.5）mg/g、（672.7±2.7）mg/g和（34±2.3）mg/g。此外，与游离过氧化氢酶相比（18天），RC-poly（HEMA）-CAT、RC-poly（DMAEMA）-CAT和RC-poly（AA）-CAT的半衰期延长到58天、56天和60天，表明这些基于表面修饰的RC纳米纤维膜固定化酶具有良好的存储稳定性。此外，所有固定化过氧化氢酶对pH和温度的变化与游离过氧化氢酶相比表现出较好的稳定性。同时，RC-poly（HEMA）-CAT和RC-poly（DMAEMA）-CAT的活性和动力学参数（V_{max}和K_m）显示，固定化过氧化氢酶分子和膜载体之间具有良好的亲和性，而RC-poly（DMAEMA）-CAT的残余活性在1天内重复使用10次后保持其初始活性的66%±3.3%。本研究表明，RC纳米纤维膜（特别是通过ATRP方法与聚合物链表面接枝）对于高效和可重复使用的酶固定化具有很高的应用前景。

4.3　AOPAN/MMT 复合纳米纤维膜固定化漆酶

4.3.1　AOPAN/MMT 复合纳米纤维膜固定化漆酶的制备

本研究采用静电纺丝法和偕胺肟改性法生成AOPAN/MMT（蒙脱土）复合纳米纤维膜，并利用戊二醛在AOPAN/MMT复合纳米纤维膜上采用吸附交联法进行漆酶固定。AOPAN纳米纤维固定化漆酶原理如图4-9所示[31]。

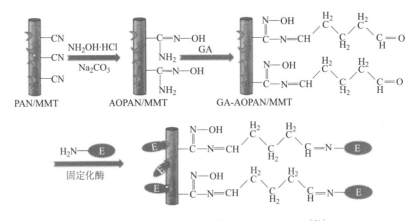

图4-9　AOPAN 纳米纤维固定化漆酶原理[31]

采用扫描电镜观察不同纳米纤维膜的形态，结果如图4-10所示。PAN纳米纤维和PAN/MMT复合纳米纤维形成了一个随机取向的纤维膜，纤维平均直径在300～450nm。与PAN纳米纤维相比，PAN/MMT纳米纤维的平均直径略有增加。经胺肟修饰后（胺肟化转化率30.8%）AOPAN/MMT纳米纤维的直径没有明显变化，纤维结构保持良好，但表面略有粗糙，如图4-10（c）所示。这表明纳米纤维膜的形态结构可以在化学修饰中得到很好的保留。纳米纤维固定化漆酶的扫描电镜图像如图4-10（d）所示。由此观察到，固定化漆酶负载在复合纳米纤维上后，增加了复合纳米纤维的直径。

图 4-10　不同纳米纤维膜的扫描电镜图

4.3.2　AOPAN/MMT 复合纳米纤维膜固定化漆酶的性能

图 4-11 显示了戊二醛浓度和交联时间对固定化酶的影响。从图 4-11
（a）可以看出，随着戊二醛浓度的增加，固定化漆酶的数量逐渐增加，
同时固定化漆酶的活性在一定程度上反映了微弱的变化。当戊二醛浓度达
到 5% 时，漆酶固定量达到最大值（89.12mg/g，干重）；当戊二醛浓度进
一步增加时，固定化漆酶数量开始下降，固定化漆酶活性也开始下降。同
时，随着与戊二醛交联时间的延长，固定化漆酶的用量增加，但固定化酶
的活性变化相对较小。当固定处理时间为 10h 时，固定化酶的量达到最大
值，处理时间延长，固定化漆酶的量及其活性开始下降。因此，当戊二醛
浓度为 5%，交联时间为 10h 时，固定化酶效果最好。

图 4-12 显示了固定化时间对固定化酶的影响。最初，固定化漆酶的

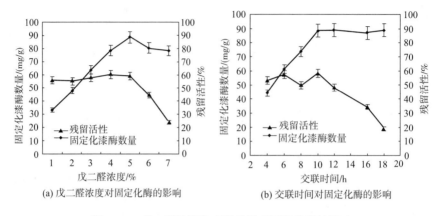

(a) 戊二醛浓度对固定化酶的影响　　(b) 交联时间对固定化酶的影响

图 4-11　戊二醛浓度和交联时间对固定化酶的影响

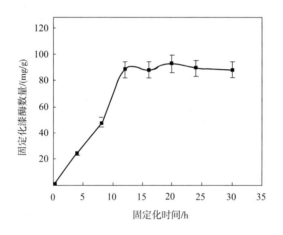

图 4-12　固定化时间对固定化漆酶的影响。

数量随着固定化时间的增加而增加；当达到平衡并进一步延长固定化时间时，固定化漆酶的数量会逐渐降低。AOPAN/MMT复合纳米纤维的最佳固定化时间为12h，其中固定化漆酶的用量达到89.26mg/g。原因是复合纳米纤维虽然有大量的酶固定化位点，但随着时间的延长，由于固定化漆酶，载体的位点逐渐减少。当所有活性位点均用于固定化酶时，固定化漆酶的用量达到最大平衡值。

　　反应温度和pH对游离漆酶和固定化漆酶相对活性的影响如图4-13所示。漆酶的相对活性最初随着反应温度的升高而升高，然后随着反应温度的进一步升高而降低。在55℃和50℃下，固定化漆酶和游离漆酶的相对活性最高，且在30～70℃的范围内固定化漆酶的相对活性一般高于游离漆酶的相对活性。较高的相对活性主要归因于固定化漆酶分子结构稳定性的增加，同时漆酶分子与纤维表面之间的多点相互作用可能在更高的温度下进一步防止失活。与此同时，漆酶固定后使得最佳pH从4.5移至4处。固定化漆酶对pH变化的敏感性也变低，固定化漆酶相应的残留活性一般高于游离漆酶的残留活性[32-33]。

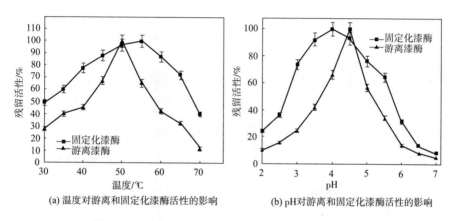

(a) 温度对游离和固定化漆酶活性的影响　　(b) pH对游离和固定化漆酶活性的影响

图 4-13　温度和 pH 对游离和固定化漆酶活性的影响

　　固定化漆酶的热稳定性是考虑到实际应用的一个重要参数。图4-14（a）显示了游离和固定化漆酶在不同温度下于100mmol/L醋酸—醋酸钠缓冲液（HAc-NaAc pH=4.5）中放置4h后的热稳定性，并将最佳温度下观察的漆酶活性定义为100%。一般来说，游离漆酶和固定化漆酶的活性都随着存放温度的升高而降低，复合纳米纤维膜固定化漆酶在70℃下培养4h后，仍保持了初始活性的45.28%。然而，在相同的条件下，游离漆酶的活性降低了近80%。固定化漆酶较高的残留活性和热稳定性可归因于对分子运动的空间限制，进而限制了固定化漆酶分子的构象变化，提高了抗失活的稳定性。游离漆酶和固定化漆酶在HAc-NaAc（100mmol/L，pH=4.5）中保存20天后，相对活性分别为21.21%和63.34%。

　　重复使用性能是固定化酶在许多实际应用中的一个重要问题。如

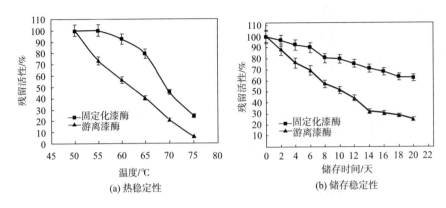

(a) 热稳定性   (b) 储存稳定性

图 4-14　游离和固定化漆酶的热稳定性和储存稳定性

图4-15所示，AOPAN/MMT复合纳米纤维固定化漆酶在使用10次后的残留活性保留了其初始活性的64.5%。研究结果表明，AOPAN/MMT复合纳米纤维固定化漆酶具有良好的可重复使用性能。

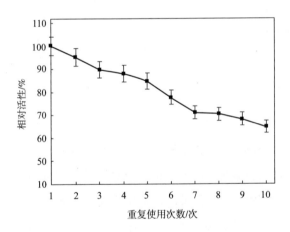

图 4-15　重复使用次数对固定化漆酶活性的影响

综上所述，漆酶能有效地固定在AOPAN/MMT复合纳米纤维上，固定化漆酶的量可达89.12mg/g。同时，扫描电镜显微镜、傅里叶红外光谱也证实了该酶在纳米纤维表面共价结合。此外，固定化漆酶的热稳定性和储存稳定性明显优于游离漆酶。与游离漆酶相比，复合纳米纤维固定化漆酶也具有良好的可重复使用性能。此外，固定化漆酶对pH（2~7）和温度

（30～70℃）变化的适应性明显高于游离漆酶。这些结果证实了固定化漆酶比游离漆酶具有更好的稳定性，AOPAN/MMT复合纳米纤维膜的修饰可以作为一种很有前途的固定各种生物活性分子的材料。

4.4　AOPAN–poly（HEMA）复合纳米纤维膜固定化漆酶

4.4.1　AOPAN–poly（HEMA）复合纳米纤维膜固定化漆酶的制备

采用静电纺丝法和胺肟化改性法制备AOPAN纳米纤维，然后以HEMA作为原子转移自由基聚合表面接枝单体，与铜（II）离子配位，探索纳米纤维AOPAN–poly（HEMA）–Cu（II）作为漆酶固定化的新载体[34]。采用ATRP方法在AOPAN纳米纤维表面接枝及AOPAN–poly（HEMA）纳米纤维漆酶固定原理 如图4-16所示[34]。

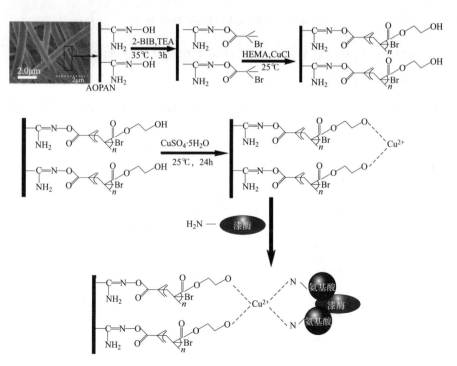

图4-16　AOPAN 纳米纤维表面接枝及漆酶固定原理

采用扫描电镜观察PAN、AOPAN和AOPAN-poly（HEMA）纳米纤维的表面形貌，如图4-17所示。PAN纳米纤维和AOPAN纳米纤维是随机取向的纳米纤维。PAN纳米纤维形态良好，直径均匀。与PAN纳米纤维相比，AOPAN纳米纤维的直径几乎没有变化，纤维结构没有明显变形。经过胺肟改性后，纳米纤维表面略有粗糙，如图4-17（a）和（b）所示。ATRP接枝的AOPAN-poly（HEMA）纳米纤维仍保持良好的纤维形态，但改性纳米纤维的平均直径增加，如图4-17（c）所示。

(a) PNA   (b) AOPAN   (c) AOPAN=pdy(HEMA)

图4-17　不同纳米纤维的扫描电镜图

ATRP反应时间对AOPAN纳米纤维上接枝聚合物链的长度有一定影响。分别将AOPAN纳米纤维置于25℃的接枝体系中反应1h、2h、4h、6h、8h、12h，并固定化漆酶。如图4-18所示，漆酶固定的量随着ATRP

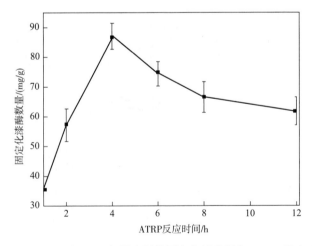

图4-18　AOPAN-poly（HEMA）纳米纤维固定化漆酶量与ATRP反应时间的关系

反应时间的增加而逐渐增加，当反应时间为4h时，漆酶固定达到最大量（87.43mg/g）；而随着时间的推移，固定化漆酶的数量开始逐渐减少。这是因为在ATRP反应开始时，AOPAN纳米纤维上接枝聚合物链的长度逐渐增加，同时与漆酶的结合位点也增加，因此漆酶固定量呈增长趋势。随着反应的持续，接枝聚合物链的长度过长，在氢键的作用下分子刷易形成集束现象，与酶蛋白有效接触机会减少，固定化漆酶的量开始下降。

4.4.2　AOPAN–poly（HEMA）复合纳米纤维膜固定化漆酶的性能

反应温度和pH对游离漆酶和固定化漆酶相对活性的影响如图4-19所示。随着ATRP反应温度的升高，漆酶的相对活性会变高；然而，当反应温度进一步升高时，漆酶的相对活性会变低。在50℃和45℃条件下游离漆酶和固定化漆酶相对活性分别达到最高，且在30~70℃的整个温度范围内，固定化漆酶的相对活性通常高于游离漆酶。其原因是固定化漆酶分子结构稳定性的增加，同时漆酶分子与纤维表面之间的多点相互作用可能在更高的温度下防止失活。从图4-19（b）可以确定游离和固定化漆酶的最佳pH为4和4.5。此外，固定化漆酶对pH的敏感性变低，固定化漆酶相应的残留活性一般高于游离漆酶。

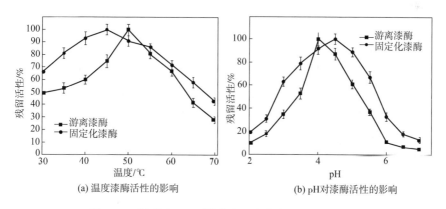

(a) 温度漆酶活性的影响　　(b) pH对漆酶活性的影响

图 4-19　温度和 pH 对游离和固定化漆酶活性的影响

如图4-20所示，在4℃的缓冲液（100mmol/L，pH=4）中保存24天，游离漆酶和固定化漆酶的相对活性为21.3%和60.3%，相应的初始活性设置为100%。由此可见，固定化的酶分子可以减少长期储存时的失活现象，改善漆酶的储存稳定性。

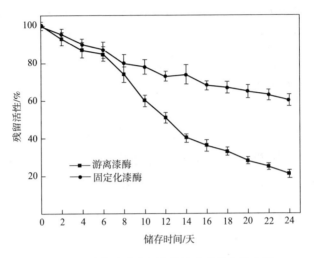

图 4-20　游离漆酶和固定化漆酶的储存稳定性

AOPAN-poly（HEMA）纳米纤维固定化漆酶在重复使用10次后保持其初始活性的63.4%，如图4-21所示。酶的可重复性是许多实际应用的主要之一，结果表明，AOPAN-poly（HEMA）纳米纤维固定化漆酶具有良好的可重复使用性及实际应用价值。

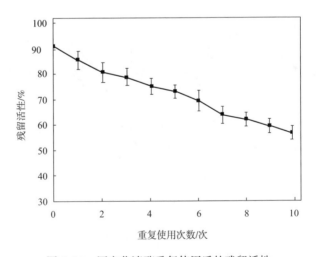

图 4-21　固定化漆酶重复使用后的残留活性

AOPAN纳米纤维通过ATRP反应与HEMA表面接枝来高密度固定漆酶，当ATRP反应时间为4h，漆酶固定量最大可达87.4mg/g。固定化漆酶在pH（2～7）和温度（30～70℃）变化的适应性明显高于游离漆酶，其储存稳定性和重复使用性能也明显优于游离漆酶。这些结果表明，固定化漆酶与AOPAN-poly（HEMA）纳米纤维具有较高的亲和性，可以作为一种广泛的固定生物活性分子的很有前途的材料。

4.5　PU/AOPAN/β-CD 复合纳米纤维膜固定化漆酶

4.5.1　PU/AOPAN/β-CD 复合纳米纤维膜固定化漆酶的制备

本研究制备了由PU、AOPAN和β-环糊精（β-CD）组成的混合纳米纤维膜螯合Fe（Ⅲ）离子并随后固定漆酶分子，其制备过程如图4-22所示[35]。

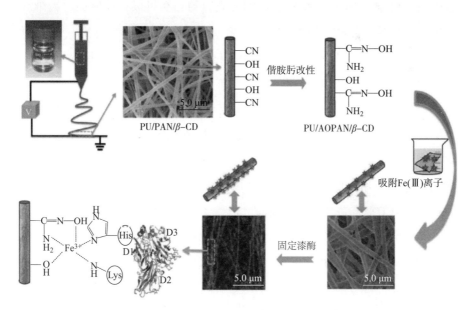

图 4-22　漆酶固定化静电纺 Fe（Ⅲ）-PU/AOPAN/β-CD 复合纳米纤维膜的制备过程示意图

PAN、AOPAN、PU/PAN/β-CD、PU/AOPAN/β-CD和Fe（Ⅲ）-PU/AOPAN/β-CD膜的扫描电镜形态结构和Fe（Ⅲ）-PU/AOPAN/β-CD膜的倒置荧光显微镜（IFM）图像如图4-23所示。PAN和PU/PAN/β-CD纳米纤维形状均匀，纳米纤维的平均直径分别为（481±82）nm和（251±54）nm。在静电纺丝过程中，电场作用下射流在50ms内被拉伸数千倍，纳米纤维间紧密排列[36]。正如之前所报道的[37-39]，如果纺丝溶液中含有两种或更多的聚合物（如PAN、PU和β-CD），浓度相对较高，纺丝溶液中将发生微相分离；在弯曲绕动过程中拉伸并产生相分离，在喷丝快速凝固后获得具有亚稳态结构且连续的复合纳米纤维。当PU/AOPAN/β-CD纳米纤维膜经胺肟化后形态未发生明显变化，其直径［（241±33）nm］与PU/PAN/β/CD纳米纤维的直径［（251±54）nm］相似，纳米纤维膜的形态结构保留良好。在相同的胺肟化条件下，AOPAN纳米纤维融合在一起，导致膜形态不同，力学性能差，比表面积低。测量了PU/PU/PAN/β-CD和PU/AOPAN/β-CD膜的静水接触角，结果显示胺肟化后纳米纤维膜的亲水性显著提高，纳米纤维中PU成分的存在可以有效地保留纳米纤维膜的整体形态结构。图4-23（E）和（F）分别为PU/AOPAN/β-CD与漆酶固定的Fe（Ⅲ）-PU/AOPAN/β-CD的扫描电镜图。经Fe（Ⅲ）离子螯合后，纳米纤维表面粗糙度提高，纳米纤维直径明显增加，从（241±33）nm增加到（378±56）nm；再经漆酶固定后，纳米纤维直径继续增加，从（378±56）nm增加到（647±116）nm，但纳米纤维膜的整体形态结构基本稳定。图4-23（F）是Fe（Ⅲ）-PU/AOPAN/β-CD纳米纤维膜固定化漆酶的IFM图 （用FITC标记），漆酶分子可以均匀地分布在Fe（Ⅲ）- PU/AOPAN/β-CD复合纳米纤维的表面。

本研究分别测试了PU/PAN/β-CD和PU/AOPAN/β-CD纳米纤维膜的比表面积和平均孔径。PU/PAN/β-CD和PU/AOPAN/β-CD膜的比表面积值分别为28.56m^2/g和24.37m^2/g。这些结果表明，这两种纳米纤维膜不存在多孔结构[40]。一般来说，如果漆酶的分子能附着在纳米纤维表面，而不是被困在小孔内会展示更高的催化活性[41]。胺肟化后纳米纤维的平均孔径从29.62nm

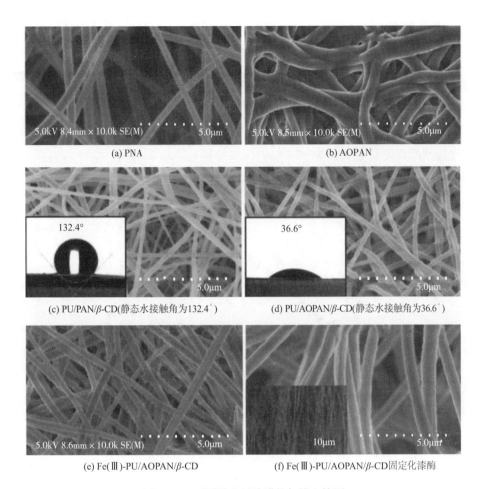

(a) PNA

(b) AOPAN

(c) PU/PAN/β-CD(静态水接触角为132.4°)

(d) PU/AOPAN/β-CD(静态水接触角为36.6°)

(e) Fe(Ⅲ)-PU/AOPAN/β-CD

(f) Fe(Ⅲ)-PU/AOPAN/β-CD固定化漆酶

图 4-23　不同纳米纤维膜的扫描电镜图

减少到27.85nm，这是因为胺肟化处理会使部分纳米纤维在交叉位置黏合。

纳米纤维膜的力学性能不仅与单个纳米纤维的力学性能有关，还与膜的形态结构有关。纳米纤维中如果存在一定的缠绕和黏合状态，其力学性能将得到提高[42-43]。PU/AOPAN/β-CD、PU/AOPAN和AOPAN/β-CD纳米纤维膜的应力—应变曲线如图4-24所示，PU/AOPAN/β-CD和PU/AOPAN膜断裂时的最终应力和伸长率明显高于AOPAN/β-CD膜，这表明在共混纳米纤维中加入PU成分可以提高纳米纤维的力学性能。具体而言，拉伸强度/断裂伸长率分别从（1.02±0.16）MPa和2.03%±0.11%（AOPAN/

β–CD）增加到（3.94 ± 0.19）MPa和$30.82\% \pm 1.56\%$（PU/AOPAN）及（3.99 ± 0.23）MPa和$31.25\% \pm 1.42\%$（PU/AOPAN/β–CD）。其原因是PU大分子含有碳基和氨基可以与一些极性基团（如AOPAN大分子中的胺肟基团和β–CD分子中的羟基）相互作用形成氢键，而氢键的形成将进一步提高膜的力学性能。因此，将PU掺入共混纳米纤维对于纳米纤维膜力学性能及酶固定化至关重要[44-47]。

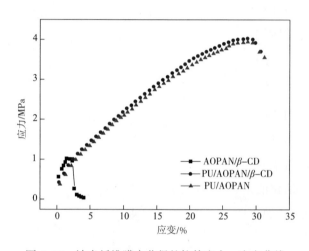

图4-24　纳米纤维膜中获得的拉伸应力—应变曲线

4.5.2　PU/AOPAN/β-CD复合纳米纤维膜固定化漆酶的性能

本研究测定了Fe（Ⅲ）–PU/AOPAN/β–CD复合纳米纤维膜固定化漆酶和游离漆酶的动力学参数，结果见表4-2。其漆酶固定量最高可达186.34mg/g是文献中报道的值（$50 \sim 75$mg/g）的3倍左右[38, 48]。原因是PU/AOPAN/β–CD复合纳米纤维在胺肟化及Fe（Ⅲ）离子配位后产生了大量漆酶固定的活性位点。酶固定后K_m值明显增加，V_{max}值明显下降。这些结果表明，纳米纤维膜固定化漆酶与反应底物具有较弱的生物亲和性，也就是纳米纤维载体的空间位阻较大，酶—底物复合物难以形成。而固定化漆酶的V_{max}值达到游离漆酶V_{max}值的71%，显著高于报道的值（$43\% \sim 55\%$）[49-50]。这可以归因于β–CD的特殊分子结构保持了漆酶空间结构和活性催化位点的稳定性[51]。

表 4-2　用 Fe（Ⅲ）-PU/AOPAN/β-CD 复合纳米纤维膜固定化和游离漆酶的动力学参数

种类	漆酶固定量 / (mg/g)	V_{max}/ [μmol/ (mg·min)]	K_m/ (mmol/L)
游离漆酶	—	403.6	0.78
固定化漆酶	186.34	286.5	1.84

反应 pH 和温度对固定化和游离漆酶相对催化活性的影响如图 4-25 所示。如图 4-25（a）所示，游离漆酶和固定化漆酶在 pH 范围为 2 ~ 7 时最佳值均为 4.5，但固定化漆酶表现出比游离酶更加普遍的高的相对活性。图 4-25（b）显示了反应温度对游离漆酶和固定化漆酶催化活性的影响。结果表明，两种漆酶的活性值最初都随着反应温度的升高而升高；如果温度高于 50℃，则活性值会随着反应温度的进一步升高而降低。游离漆酶和固定化漆酶的催化活性在 50℃时均达到最大值。与 pH 相似，漆酶对反应温度变化的改善主要是由于漆酶固定在膜载体[52-53]的纤维表面时分子稳定性的增加。活化能是反应底物分子必须能够进行化学反应的最小能量；随着催化剂/酶（如漆酶）的存在，活化能可以大幅降低。阿伦尼乌斯方程显示了活化能和反应速率之间的定量关系[54]，见下式：

$$k=A \times e^{-\frac{E_a}{RT}} \tag{4-1}$$

阿伦尼乌斯方程可以转换为以下方程：

$$\lg k=\frac{E_a}{2.303R} \times \frac{1}{T}+\lg A \tag{4-2}$$

式中：T——反应温度，K；

　　　R——通用气体常数，8.3145 J/ (mol·K)；

　　　E_a——活化能，J/mol；

　　　k——反应速率；

　　　A——频率因子。

当反应温度设置在 30℃和 40℃时，实验测定游离漆酶的 k 值分别为 403.6 和 675.4；而固定化漆酶的 k 值分别为 286.5 和 492.4。根据方程，E_a 值在 40.4 kJ/mol 和 42.7 kJ/mol 下分别分析游离漆酶和固定化漆酶。k 和 E_a 值表明，游离漆酶的催化反应速率高于固定化漆酶的催化反应速率[54-55]。这是因为漆酶分子的天然空间结构可能受到固定化过程的影响，呈现出较低的运动自由度并进一步减少了漆酶与底物分子之间的有效碰撞，从而导致催化反应速率的降低。

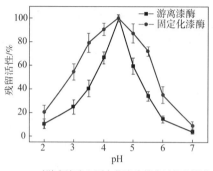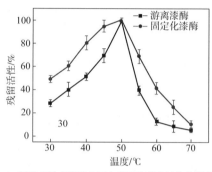

(a) pH对游离漆酶和固定化漆酶催化活性的影响　(b) 温度对游离漆酶和固定化漆酶催化活性的影响

图4-25　PH和温度对游离和固定化漆酶催化活性的影响

热稳定性和储存稳定性是一种酶用于实际应用的两个重要问题。在最佳pH的条件下，研究了漆酶的热稳定性与培养温度之间的关系，结果如图4-26所示。一般来说，当存放温度从50℃增加到75℃时，游离漆酶和固定化漆酶的相对活性变低。用Fe（Ⅲ）-PU/AOPAN/β-CD纳米纤维膜固定化的漆酶在75℃的高温下保留45%的原始活性；相比之下，游离漆酶在相同条件下几乎完全失去了其活性。固定化漆酶具有较高的热稳定性，可能是因为固定化漆酶在升高的温度下可以更好地保存天然分子构象[56]。在HAc-NaAc缓冲液（100mmol/L，pH=4.5）中储存20天后，游离漆酶和固定化漆酶的残余活性分别保留在原活性的64.6%和25%。一般来说，酶的催化活性往往会随着储存时间的延长而降低，但可以通过固定化漆酶分子来稳定其构象结构，减缓这种降低程度[57-58]。

与游离漆酶不同，固定化漆酶可以重复使用，也很容易从反应体系中分离出来。本研究对固定化漆酶的可重复使用性进行了研究，结果如图4-27所示。固定化漆酶的催化活性随着重复使用次数的增加而逐渐降低。这是因为漆酶的天然分子结构可能会随着重复使用次数的增加而部分变化。实验结果表明，纳米纤维膜固定化漆酶的残留活性在重复使用10次后，可保持在初始催化活性的47%±5.2%，体现了良好的可重复使用性能。

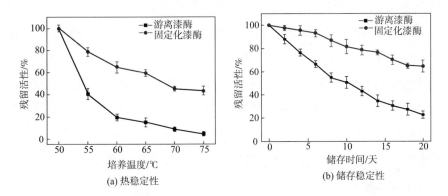

图 4-26　游离漆酶和固定化漆酶的热稳定性和储存稳定性

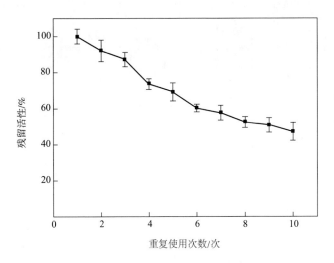

图 4-27　用 Fe（Ⅲ）–Pu/AOPAN/β-CD 复合纳米纤维膜固定化漆酶的重复使用性能

　　从PU/AOPAN/β-CD复合纳米纤维膜上去除漆酶并重新固定该膜上的漆酶是再生利用的关键问题。本研究通过测定漆酶解吸和再固定的催化活性[59]，研究了膜载体的再生情况。图4-28显示了利用PU/AOPAN/β-CD膜将漆酶解吸并再固定（三个周期）后的相对活性。将第一次解吸前固定化漆酶的催化活性定义为100%。在第一个解吸/再固定化周期后，固定化漆酶的相对活性可保持在88%±3.8%；而第三个解吸/再固定化周期后，相对活性仍可保持在78%±4.6%。与许多其他酶固定化载体相比，制备的PU/AOPAN/β-CD复合纳米纤维膜表现出较高的再生能力[60-61]。具体来说，PU/AOPAN/β-CD复合纳米纤维膜首先与Fe（Ⅲ）离子进行螯合。在随后的漆酶固定化过程中，Fe（Ⅲ）离子将作为螯合中心体；漆酶分子将通过配位键固定在纳米纤维表面。在分离过程中，纳米纤维表面的胺肟基团质子化，与Fe（Ⅲ）离子产生分离并导致固定的漆酶分子与膜载体分离。用HAc-NaAc缓冲液（pH=4.5）彻底冲洗膜后，胺肟基团脱质子化；再生的PU/AOPAN/β-CD复合纳米纤维膜可以螯合Fe（Ⅲ）离子，然后再次固定漆酶分子。

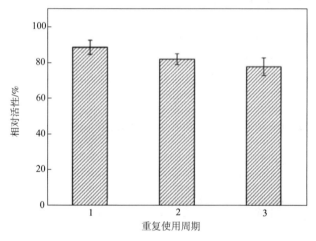

图4-28　固定化漆酶的相对活性与使用周期之间的关系

综上所述，制备了PU/AOPAN/β-CD复合纳米纤维膜，作为Fe（Ⅲ）离子螯合和漆酶固定化的载体。研究结果表明，漆酶分子被均匀地固定在纳米纤维表面，漆酶固定量高达186.34mg/g，并具有良好的催化活性。此外，固定化漆酶对温度和pH变化的抵抗性有明显的提高。固定化漆酶的热稳定性、储存稳定性和可重复使用性均有显著提高。与其他固定化载体相比，研究制备的PU/AOPAN/β-CD复合纳米纤维具有更高的力学性能、形态稳定性、再生能力和催化活性，表现出与漆酶的良好亲和力。

4.6　展望

固定化酶的催化活性在很大程度上取决于固定化的载体材料。近年来，纳米纤维、纳米片、层层自组装膜以及三维纳米花、纳米胶束和纳米管等已经被用于固定化酶[62]，其中纳米纤维膜具有比表面积大、负载能力强等优点，受到了人们的广泛关注。生物酶固定于纳米纤维后，酶的pH稳定性、温度稳定性和较高温度下的储存稳定性都有显著提高[63]。但相对而言，酶固定化过程还有待进一步优化，固定化酶的性能还有待进一步提升，特别是要应对在较为复杂的工业应用条件下的实际需要。另外，将生物催化与光催化相耦合，以及将其与光电催化有机结合将有助于构建更为高效的新型催化剂。

参考文献

[1] LONG J J, FU Y J, ZU Y G. Ultrasound-assisted extraction of flaxseed oil using immobilized enzymes[J]. Bioresource Technology, 2011, 102(21): 9991-9996.

[2] FANG S M, WANGH N, ZHAO Z X, et al. Immobilized enzyme reactors in HPLC and its application in inhibitor screening: A review [J]. Journal of Pharmaceutical Analysis, 2012, 2 (2): 83-89.

[3] SHAKEL A A, QAYYUM H. Potential applications of enzymes immobilized on/in nano materials: A review[J]. Biotechnology Advances, 2012, 30 (3): 512-523.

[4] YANG K, XU N S, SU W W. Co-immobilized enzymes in magnetic

chitosan beads for improved hydrolysis of macromolecular substrates under a time-varying magnetic field [J]. Journal of Biotechnology, 2010, 148 (2): 119-127.

[5] YOKO H, MADOKA T, KAZUHIK I. Poly (vinylferrocene-co-2-hydroxyethyl methacrylate) mediator as immobilized enzyme membrane for the fabrication of amperometric glucose sensor [J]. Sensors and Actuators B: Chemical, 2009, 136 (2): 122-127.

[6] YU H W, CHING C B. Theoretical analysis of adsorption effect on kinetic resolution of racemates catalyzed by immobilized enzymes [J]. Journal of Biotechnology, 2008, 136: 359-364.

[7] 杨弘宇, 张雪, 马振平, 等. 谷氨酸棒杆菌过氧化氢酶的异源表达、纯化以及酶学性质 [J]. 生物工程学报, 2020, 36 (8): 1568-1577.

[8] SONDHI S, KAUR R, MADAN J. Purification and characterization of a novel white highly thermo stable laccase from a novel Bacillus sp. MSK-01 having potential to be used as anticancer agent [J]. International Journal of Biological Macromolecules, 2020, 170 (5).

[9] FENG Q. Electrospun regenerated cellulose nanofibrous membranes surface-grafted with polymer chains/brushes via the atom transfer radical polymerization method for catalase immobilization [J]. ACS Applied Materials & Interfaces, 2014, 6 (23): 20958-20967.

[10] MENKHAUS T J, VARADARA J, ZHANG H, et al. Electrospun nanofiber membranes surface functionalized with 3-dimensional nanolayers as an innovative adsorption medium with ultra-high capacity and throughput [J]. Chemical Communications, 2010, 46: 3720-3722.

[11] SINGH N, WANG J, ULBRICHT M, et al. Surface-initiated atom transfer radical polymerization: A new method for preparation of polymeric membrane adsorbers [J]. Journal of Membrane Science, 2008, 309: 64-72.

[12] BHUTB V，WICKRAMASINGHES R，HUSSONS M. Preparation of high–capacity，weak anion–exchange membranes for protein separations using surface–initiated atom transfer radical polymerization [J]. Journal of Membrane Science，2008，325：176–183.

[13] SONG N，CHEN S，HUANG X L，et al. Immobilization of catalase by using Zr（Ⅳ）–modified collagen fiber as the supporting matrix [J]. Process Biochemistry，2011，46：2187–2193.

[14] ALPTEKIN Ö，TÜKEL S S，YILDIRM D，et al. Characterization and properties of catalase immobilized onto controlled pore glass and its application in batch and plug–flow type reactors [J]. Journal of Molecular Catalysis B–Enzymatic，2009，58：124–131.

[15] BA YRAMOGLU G，ARICA M Y. Reversible immobilization of catalase on fibrous polymer grafted and metal chelated chitosan membrane [J]. Journal of Molecular Catalysis B–Enzymatic，2010，62：297–304.

[16] BAYRAMOGLU G，KARAGOZ B，YILMAZ M，et al. immobilization of catalase via adsorption on poly（styrene–dglycidylmethacrylate）grafted and tetraethyldiethylenetriamine ligand attached microbeads [J]. Bioresource Technology，2011，102：3653–3661.

[17] YAN L，JING Q，BRANFORD–WILLIAMS C，et al. Electrospun polyacrylonitrile–glycopolymer nanofibrous membranes for enzyme immobilization [J]. Journal of Molecular Catalysis B–Enzymatic，2012，76：15–22.

[18] BHUTB V，WICKRAMASINGHES R，HUSSONS M. Preparation of high–capacity，weak anion–exchange membranes for protein separations using surface–initiated atom transfer radical polymerization [J]. Journal of Membrane Science，2008，325：176–183.

[19] ALPTEKIN Ö，TÜKEL S S，YILDIRIM D，et al. Immobilization of catalase onto eupergit C and its characterization [J].Journal of Molecular Catalysis

B-Enzymatic, 2010, 64: 177-183.

[20] SINGH N, WANG J, ULBRICHT M, et al. Surface-initiated atom transfer radical polymerization: A new method for preparation of Polymeric membrane adsorbers [J]. Journal of Membrane Science, 2008, 309: 64-72.

[21] PEKEL N, SALIH B, GUVEN O. Activity studies of glucose oxidase immobilized onto poly (N-vinylimidazole) and metal ion-chelated poly (N-vinylimidazole) hydrogels [J]. Journal of Molecular Catalysis B-Enzymatic, 2003, 21: 273-282.

[22] GUEDIDI S, YUREKLI Y, DERATANI A, et al. Effect of enzyme location on activity and stability of trypsin and urease immobilized on porous membranes by using layer-by-layer self-assembly of polyelectrolyte [J]. Journal of Membrane Science, 2010, 365: 59-67.

[23] AKGOL S, OZTURK N, DENIZLI A. New generation polymeric nanospheres for catalase immobilization [J]. Journal of Applied Polymer Science, 2009, 114: 962-970.

[24] LEES H, LEES H, RYUS J, et al. Effective biochemical decomposition of chlorinated aromatic hydrocarbons with a biocatalyst immobilized on a natural enzyme support [J]. Bioresource Technology, 2013, 141: 89-96.

[25] OZTURK N, TABAK A, AKGO S, et al. Reversible immobilization of catalase by using a novel bentonite-cysteine (bent-cys) microcomposite affinity sorbents [J]. Colloids and Surfaces A-Physicochemical and Engineering Aspects, 2008, 322: 148-154.

[26] TIAN Q, ZHOU N, ZENG W, et al. Effect of alkylamine on activity and stability of immobilized angiotensin converting enzyme [J]. Catalysis Communications, 2012, 24: 16-19.

[27] TÜMTÜRK H, KARACR N, DEMIREL G, et al. Preparation and application

of poly（N, N–dimethylacrylamide–co–acrylamide）and poly
（N–isopropylacry lamide–co–acrylamide）/kappa–carrageenan hydrogels
for immobilization of lipase［J］. International Journal of Biological
Macromolecules, 2007, 40: 281–285.

［28］ÇETINUS Ş A, ŞAHIN E, SARAYDIN D. Preparation of Cu（Ⅱ）adsorbed
chitosan beads for catalase immobilization［J］. Food Chem, 2009,
114: 962–969.

［29］BAYRAMOGLU G, METINA U, ALTINTAS B, et al. Reversible
immobilization of glucose oxidase on polyaniline grafted polyacrylonitrile
conductive composite membrane［J］. Bioresource Technology, 2010,
101: 6881–6887.

［30］FENGX D, PATTERSOND A, BALABAN M, et al. The spinning cloth
disc reactor for immobilized enzymes: A new process intensification
technology for enzymatic reactions［J］. Chemical Engineering Journal,
2013, 221: 407–417.

［31］FENG Q. Study on the preparation of the AOPAN/MMT composite
nanofibers and their application for laccase immobilization［J］. Journal
of Engineered Fibers and Fabrics, 2016, 11（3）.

［32］FENG Q, WANG Q Q, TANG B, et al. Immobilization of catalases on
the amidoxime polyacrylonitrile nanofibrous membranes［J］. Polymer
International, 2013, 62: 251–256.

［33］FENG Q, HOU D Y, ZHAO Y, et al. Electrospun regenerated cellulose
nanofibrous membranes surface–grafted with polymer chains/brushes
via the ATRP method for catalase immobilization［J］. ACS Applied
Materials & Interfaces, 2014, 6: 20958–20967.

［34］FENG Q, LI X, WU D, et al. Preparation of the AOPAN–poly（HEMA）
nanofibers via the atom transfer radical polymerization method and their
application for laccase immobilization［J］. Journal of Industrial Textiles,

2018, 48（1）: 25–37.

［35］WU D S. Electrospun blend nanofiber membrane consisting of polyurethane, amidoxime polyarcylonitrile, and β-cyclodextrin as high-performance carrier/support for efficient and reusable immobilization of laccase［J］. Chemical Engineering Journal, 2018, 331: 517–526.

［36］GREINER A, WENDROFF J H. Electrospinning: A fascinating method for the preparation of ultrathin fibers［J］. Angewandte Chemie-International Edition, 2007, 38: 5670–5703.

［37］ZHONG G, ZHANG L, SU R, et al. Understanding polymorphism formation in electrospun fibers of immiscible poly（vinylidene fluoride）blends［J］. Polymer, 2011, 52: 2228–2237.

［38］WANG Q, CUI J, LI G, et al. Laccase immobilization by chelated metal ion coordination chemistry［J］. Polymers, 2014, 6: 2357–2370.

［39］ZHAO H, LIU X, MING Y, et al. A study on the degree of amidoximation of polyacrylonitrile fibers and its effect on their capacity to adsorb uranyl ions［J］. Industrial & Engineering Chemistry Research, 2015, 54: 3101–3106.

［40］LIM W C, SRINIVASAKANNAN C, DOSHI V. Preparation of high surface area mesoporous activated carbon: Kinetics and equilibrium isotherm［J］. Separation Science and Technology, 2012, 47: 886–895.

［41］MAJUMFAR P, KHAN A, BANDYOPADHYAYA R. Diffusion, adsorption and reaction of glucose in glucose oxidase enzyme immobilized mesoporous silica（SBA–15）particles: Experiments and modeling［J］. Biochemical Engineering Journal, 2016, 105: 489–496.

［42］LI X, DING B, LIN J, et al. Enhanced mechanical properties of superhydrophobic microfibrous polystyrene mats via polyamide 6 nanofibers［J］. Journal of Physical Chemistry C, 2009, 113: 20452–20457.

［43］YOON K, HSIAO B S, CHU B. High flux ultrafiltration nanofibrous membranes based on polyacrylonitrile electrospun scaffolds and crosslinked polyvinyl alcohol coating ［J］. Journal of Membrane Science, 2009, 338: 145-152.

［44］TIJING L D, PARK CH, CHOI W L, et al. Characterization and mechanical performance comparison of multiwalled carbon nanotube/ polyurethane composites fabricated by electrospinning and solution casting ［J］. Composites Part B-Engineering, 2013, 44: 613-619.

［45］BENHAMOU K, KADDAMI H, MAGNIN A, et al. Bio-based polyurethane reinforced with cellulose nanofibers: A comprehensive investigation on the effect of interface ［J］.Carbohydrate Polymers, 2015, 122: 202-211.

［46］NIRMALA R, KALPANA D, NAVAMATHAVAN R, et al. Preparation and characterizations of silver incorporated polyurethane composite nanofibers via electrospinning for biomedical applications ［J］. Journal of Nanoscience and Nanotechnology, 2013, 13: 4686-4693.

［47］FENG Q, WANG Q, TANG B, et al. Immobilization of catalases on amidoxime polyacrylonitrile nanofibrous membranes ［J］. Polymer International, 2013, 62: 251-256.

［48］LIN J, LING F, MIAO R, et al. Enhancing catalytic performance of laccase via immobilization on chitosan/CeO$_2$ microspheres ［J］. International Journal of Biological Macromolecules, 2015, 78: 1-8.

［49］LEI L, MIN Z, YAN W. Immobilization of laccase by alginate-chitosan microcapsules and its use in dye decolorization ［J］.World Journal of Microbiology & Biotechnology. Biotechnol, 2007, 23: 159-166.

［50］ZHANG J, XU Z, CHEN H, et al. Removal of 2, 4-dichlorophenol by chitosan-immobilized laccase from coriolus versicolor ［J］. Biochemical Engineering Journal, 2009, 45: 54-59.

［51］LI L，FENG W，PAN K. Immobilization of lipase on amino-cyclodextrin functionalized carbon nanotubes for enzymatic catalysis at the ionic liquid-organic solvent interface ［J］. Colloids and Surfaces B-Biointerfaces，2013，102：124-129.

［52］CHEA V，PAOLUCCI J D，BELLEVILLE M P，et al. Optimization and characterization of an enzymatic membrane for the degradation of phenolic compounds ［J］.Catalysis Today，2012，193：49-56.

［53］MISRA N，KUMAR V，GOEL N，et al. Laccase immobilization on radiation synthesized epoxy functionalized polyethersulfone beads and their application for degradation of acid dye ［J］. Polymer，2014，55：6017-6024.

［54］CHENG Y，LIU Y，WU J，et al. Improving the enzymolysis efficiency of potato protein by simultaneous dual-frequency energy-gathered ultrasound pretreatment: Thermodynamics and kinetics ［J］. Ultrasonics Sonochemistry，2017，37：351-359.

［55］KIM M，LEE D，JEONG S，et al. Nanodiamond-gold nanocomposites with the peroxidase-like oxidative catalytic activity ［J］. ACS Applied Materials & Interfaces，2016，8：34317-34326.

［56］ZANG J，JIA S，LIU Y，et al. A facile method to prepare chemically crosslinked and efficient polyvinyl alcohol/chitosan beads for catalase immobilization ［J］. Catalysis Communications，2012，27：73-77.

［57］RAN X，CHI C，LI F，et al. Laccase-polyacrylonitrile nanofibrous membrane: Highly immobilized, stable, reusable, and efficacious for 2, 4, 6-trichlorophenol removal ［J］. ACS Applied Materials & Interfaces，2013，5：12554-12560.

［58］SATHISHKUMAR P，CHAE J C，UNNITHAN A R，et al. Laccase-poly（lactic-co-glycolic acid）（PLGA）nanofiber: Highly stable, reusable, and efficacious for the transformation of diclofenac ［J］. Enzyme and

Microbial Technology, 2012, 51: 113–118.

［59］SAWADA K, SAKAI S, TAYA M. Electrochemical recycling of gold nanofibrous membrane as an enzyme immobilizing carrier［J］. Chemical Engineering Journal, 2015, 280: 558–563.

［60］HONG J, XU D, GONG P, et al. Covalent-bonded immobilization of enzyme onhydrophilic polymer covering magnetic nanogels［J］. Microporous Mesoporous Mater, 2008, 109: 470–477.

［61］KIM JH, CHOI D C, YEON K M, et al. Enzyme-immobilized nanofiltration membrane to mitigate biofouling based on quorum quenching ［J］. Environmental Science & Technology, 2011, 45: 1601–1607.

［62］刘瑞红, 周全, 杨帆, 等 . PVDF 中空纳米纤维的制备及其固定化酶的性能研究［J］. 太原理工大学学报, 2021, 2021: 1–11.

［63］王宁, 王翠娥, 黄小华 . 果胶改性纳米纤维制备及其在固定化酶中的应用［J］. 安徽工程大学学报, 2018, 33（1）: 14–19.

第5章 功能性纳米纤维膜在蛋白质分离中的应用

5.1 引言

蛋白质是作为生命活动必不可缺少的生物大分子，在食品工程、日用化工、生命科学、生物医药等领域具有极为广泛的应用。蛋白质一般存在于相对复杂的溶液体系中，而且在生产过程中，蛋白质对外界环境中的酸碱度、温度等变化较为敏感，容易影响到蛋白质的结构而造成变性[1]。为保证蛋白质产品的安全性和有效性，相关应用领域特别是生命科学研究和生物医药等领域对蛋白质的纯度具有极高的要求。在蛋白质产品的生产过程中，分离与纯化步骤直接决定了目标蛋白质的纯度和生物活性，且其消耗的费用占整个生产成本的近80%以上。因此，实现高效、快速、低成本的蛋白质分离纯化是蛋白质制品发展的关键。

目前，蛋白质分离纯化的原理主要是以蛋白质分子在尺寸形态、表面疏水性、表面带电荷量、等电点、特异性官能团等方面的差异为依据而进行的分类富集过程，常用的蛋白质分离纯化的方法有沉淀法、离子交换法、电泳法、离心法、色谱法、吸附分离法等[2]。但是这些方法也存在较多缺陷，如生产成本较高、工艺过程较为复杂、分离纯化效率较低等，不利于其推广使用[3-4]。在众多分离纯化方法中，膜分离技术在蛋白质分离纯化过程中，由于其工艺简单、处理条件温和、无须添加试剂、分离纯化效率高、处理量大、可连续化生产等特点，在蛋白质分离纯化领域得到了广泛的应用。在膜分离过程中，通过选择适当的分离膜，调节操作压力和过滤时间等因素，即可快速高效地分离纯化复杂体系中的蛋白质。膜分离技术主要是利用膜两侧存在的推动力，使混合物中原料的组分可透过选择膜而对混合物进行分离、提纯的一种过程[5-6]。

静电纺纳米纤维作为一种新型高技术纤维材料，具有比表面积大、纤维聚集体结构可调性好等结构优势，以及纺丝过程可控性好、原料种类丰富等制备方法技术优势，在蛋白质吸附分离领域展现出广阔的应用前景[7-9]。利用静电纺丝技术制备的纳米纤维膜纤维直径小、孔隙率高等特点在分离纯化蛋白质的过程中能够有效地提高分离纯化效率，降低能耗，有利于膜分离技术得到更广泛的应用[10-12]。

PAN作为一种高分子聚合物，它广泛应用于纺织、电池、环保等领域[13-14]。但是聚丙烯腈材料也存在着一定的功能缺陷，如纤维强度不高、耐磨性较差、抗疲劳性较差等缺点，也极大地限制了聚丙烯腈的应用领域。针对上述问题，国内外进行了很多的研究：主要是对PAN纤维进行偕胺肟化改性和水解改性（将聚丙烯腈大分子链上分布的氰基通过相应的化学改性方法转化为偕胺肟基、羧基等基团）[15]，但这些方法往往只是改善PAN的某方面的单一性能，容易破坏材料的其他功能，很难保证材料具备较强的实用性能。例如，PAN纤维在偕胺肟化改性过程中，纤维表面的偕胺肟化基团的数量通常和纤维的力学性能成反比，当改性程度加大时，纤维表面的功能性基团数目逐渐增加，但是纤维的扭曲缠结和黏结成束的现象也逐渐加深，容易造成材料力学性能减弱。因此，近年来，聚丙烯腈材料的改性研究成为众多学者的研究热点之一。

醋酸纤维素（CA）是一种常见的纤维素醋酸酯，通常用于过滤器材、片材、电子薄膜等领域。醋酸纤维素膜虽然具有表面润湿性好、比表面能较高、易成形等优点，然而由于材料的抗拉伸强度不高、易受生物侵蚀、不耐酸碱等特点往往也限制了它的应用领域[16]。乙烯—醋酸乙烯酯共聚物（EVA）是一种常用的塑料材料，由乙烯—醋酸乙烯酯经高压本体聚合或溶液聚合制备。与聚乙烯相比，在EVA分子链中引入醋酸乙烯单体，降低了结晶度，提高了柔韧性、抗冲击性、相容性和热密封性能[17-18]。EVA树脂的性能主要取决于分子链中醋酸乙烯（VA）的含量。如今，EVA树脂广泛应用于各个工业领域，热熔胶中EVA作为基体树脂的需求量超过80%。原因是EVA具有优良的柔软性、加热流动性和耐低温性。与热固性、溶剂型和水性黏合剂相比，EVA材料普遍具有无溶剂、无污染、能耗低、操作方便等特点[19]。EVA热熔胶为固态，常温下可根据不同要求加工成薄膜、棒、条或颗粒。然而，利用静电纺丝技术制备EVA纳米纤维及其在蛋白质分离纯化中的应用尚未见报道。

本研究中采用静电纺丝技术制备了EVA纳米纤维，并将其用作纳米纤维网状黏合材料。同时，由于纳米纤维黏合剂具有直径小、比表面积大、黏合面积分布均匀的特点[20]，熔化后的EVA纳米纤维在一定的压力和温度条件下能有效、均匀地黏合材料，从而提高材料的均匀性和强度。

基于上述问题，本研究中利用静电纺丝技术制备聚苯乙烯/乙烯—醋酸乙烯共聚物和聚丙烯腈/醋酸纤维素复合纳米纤维膜，经过相应的化学改性方法制备了多种功能性复合纳米纤维膜，将复合纳米纤维膜作为一种分离膜构建膜分离系统，测定其蛋白质溶液的分离能力[21, 37]。

5.2 多孔 PS/EVA 复合纳米纤维膜

5.2.1 多孔 PS/EVA 复合纳米纤维膜的制备

以聚苯乙烯（PS）、聚乙烯吡咯烷酮（PVP）、EVA为溶质，以DMF、三氯甲烷（$CHCl_3$）、四氢呋喃（THF）等试剂为溶剂。利用考马斯亮蓝法测定溶液蛋白质含量。

在静电纺丝实验中，采用自制高压静电纺丝机（包括注射器、高压电源、滚筒接收装置等）制备所需的纳米纤维膜，以EVA树脂颗粒、氯化锂纳米颗粒、$CHCl_3$和THF为组分，配置质量分数为7%的EVA复合纺丝溶液。其中，CHCl₃与THF的质量比为7∶3（氯化锂占总溶质质量分数的0.2%）。随后，将PS颗粒和PVP粉末溶解于DMF溶剂中，制备质量分数为12%的均质纺丝溶液，其中 PS与PVP的质量比为7∶3。采用共混静电纺丝技术，将PS/PVP和EVA纺丝溶液分别放置在不同的注射器中，在高压静电场中实施共混静电纺丝。将上述共混纳米纤维膜浸入乙醇溶液中，室温条件下将PS/PVP/EVA复合纳米纤维中的PVP组分溶解去除，制备出PS/EVA复合多孔纳米纤维膜[21]。

本研究中，将多孔PS/EVA复合纳米纤维膜在 YM300 型热压机中在压力为4MPa、温度为80℃的条件下热压处理4h。通过在压力和高温的条件下，PS/EVA复合纳米纤维膜中的EVA纤维可以部分熔融，均匀紧密地结合到多个相邻的纳米纤维上，制备出具有良好力学性能和多孔形态的PS/EVA复合纳米纤维膜。采用上述方法制备PS/EVA复合纳米纤维膜，并将其为基体构建膜分离系统分离纯化血清白蛋白溶液，其过程如图5-1所示。

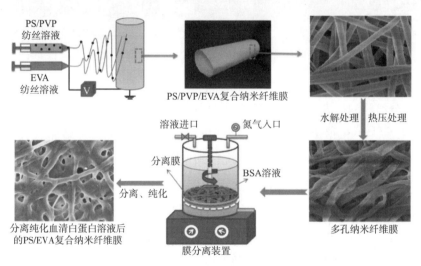

图 5-1　多孔 PS/EVA 复合纳米纤维膜的制备和蛋白质分离过程示意图[21]

通过静电纺丝法和化学改性技术相结合制备PS/EVA复合纳米纤维膜，并将其用于分离纯化血清白蛋白溶液。采用S-4800型扫描电子显微镜观察PS/PVP/EVA复合纳米纤维膜、分离纯化血清白蛋白前后的PS/EVA复合纳米纤维膜形态，结果如图5-2所示。由图5-2（a）中可以清楚地看出，静电纺丝技术制备的PS/PVP/EVA复合纳米纤维直径均匀、形态良好，纤维直径在300~600nm。图5-2（b）表明，通过化学改性和热压黏合，复合纤维中的PVP成分逐渐溶解，纳米纤维膜中的EVA组分逐渐熔融黏合，最终形成致密多孔形态的PS/EVA复合纳米纤维膜；此外，从扫描电镜图像中还可以发现，经过改性后共混纳米纤维的形态发生扭曲变形，其纤维的直径变得不均匀。在分离纯化血清白蛋白溶液的过程中，可以发现分离前后共混纳米纤维的形态保持稳定，分离血清白蛋白溶液后纤维之间和纤维内部的孔隙被大量蛋白质分子覆盖，结果如图5-2（c）所示。

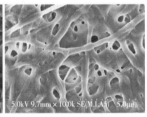

(a) PS/PVP/EVA复合纳米纤维膜　　(b) 蛋白质分离前的PS/EVA　　(c) 蛋白质分离后的PS/EVA
　　　　　　　　　　　　　　　　　复合纳米纤维膜　　　　　　　　复合纳米纤维膜

图5-2　不同纳米纤维膜的扫描电镜图

　　分离膜的比表面积和孔隙率是纤维膜蛋白质分离过程中最重要的因素之一[22-23]。根据比表面积和孔径分析测量的要求，制备了多种纳米纤维膜测试样品，通过康塔NOVA-2000E型比表面积及孔径分析仪测定表征了纳米纤维膜的平均孔径和BET比表面积。PS/PVP/EVA和PS/EVA复合纳米纤维膜的比表面积和平均孔径的测试结果见表5-1。从表5-1中可以清楚地看出，静电纺PS/PVP/EVA和PS/EVA复合纳米纤维膜的比表面积分别为23.85m²/g和162.37m²/g。造成这种现象的主要原因是PS/PVP/EVA复合纳米纤维膜中的PVP组分在水解过程中被溶解去除，其纤维内部和表面产生了大量不同孔径的纳米孔[24]，尽管热压处理和熔融黏合过程使EVA成分覆盖了纤维内的部分空隙，多孔PS/EVA复合纳米纤维膜的比表面积仍明显高于静电纺PS/PVP/EVA复合纳米纤维的比表面积。此外，经过水解和热压改性技术后，纳米纤维膜的平均孔径从28.46nm减小到21.5nm。原因是纳米纤维表面在水解改性中产生了许多小直径的纳米孔，热压处理进一步压缩了纳米纤维之间的孔隙，导致纳米纤维膜的平均孔径减小。PS/EVA复合纳米纤维膜经过水解改性和热压处理后，由于其比表面积大、平均孔径小，可以有效分离大量血清白蛋白大分子。

表 5-1　PS/PVP/EVA 和 PS/EVA 复合纳米纤维膜的性能

项目	PS/PVP/EVA 复合纳米纤维膜	PS/EVA 复合纳米纤维膜
比表面积 / (m^2/g)	23.85	162.37
平均孔径 /nm	28.46	21.5
断裂强度 /MPa	1.98	4.62
断裂伸长率 /%	24.93	20.72

众所周知，多孔纳米纤维膜的力学性能普遍较差，主要是由于纤维中大分子和结晶区域分布不均，在拉伸过程中纤维在许多孔隙区域容易断裂[25-26]。根据力学性能测试要求，先将热压前后的PS/EVA复合纳米纤维膜分别切成长宽为5cm×10cm的样品，然后用Instron 1185型台式力学拉伸试验机测定其力学性能。本实验中，试样拉取速度设置为10mm/min，每组试样测试3次，取平均值。静电纺丝制备的PS/PVP/EVA复合纳米纤维膜和在温度为80℃条件下热压处理的PS/EVA复合纳米纤维膜的力学性能见表5-1（每个样品在相同条件下测试3次，取其平均值）。从表5-1中可以发现，热压处理的PS/EVA复合纳米纤维膜最大断裂强度和断裂伸长率分别达到4.62MPa和20.72%。在相同条件下，未经处理的静电纺 PS/PVP/EVA复合纳米纤维膜的最大断裂强度和断裂伸长率仅分别为1.98MPa和24.93%。造成这种情况的原因是复合纤维中的EVA纳米纤维在高温条件下发生熔融变形，将许多相邻的纤维熔融黏合在一起，在复合纳米纤维膜的内部和表面形成了多个均匀稳定的黏结点[27-28]。因此，由于这种网状黏合结构和纳米纤维之间的缠结结构，复合纳米纤维膜的整体力学性能在一

定程度上得到提高。

5.2.2 多孔PS/EVA复合纳米纤维膜蛋白质分离性能

为了分析多孔PS/EVA复合纳米纤维膜分离纯化蛋白质溶液的能力，分别采用相同厚度的多孔复合纳米纤维膜和商用聚醚砜（PES）超滤膜作为分离膜，并以此为基体构建膜分离系统。在膜分离系统中，以常规尼龙导流网为支撑层，再将分离膜覆盖其上层，通过氮气控制体系中的分离压力，在一定压力的驱动下，血清白蛋白溶液选择性地渗透分离膜，实现蛋白质的分离纯化。

准确称取一定质量的血清白蛋白，采用蒸馏水溶解，配制成1mg/mL的血清白蛋白溶液。分别采用不同层致密均匀的PS/EVA复合纳米纤维膜和商业上广泛使用的PES超滤膜（50kD）作为过滤层，分别构建膜分离系统分离纯化上述血清白蛋白溶液。实验中通过调节压力和过滤时间，测定血清白蛋白的截留率和不同膜的溶液渗透通量，测定其分离性能。其中，蛋白质截留率是指被膜截获的血清白蛋白量与溶液总量的比值，见下式：

$$R=\frac{C_0-C_p}{C_0}\times100\%\qquad(5-1)$$

式中：R——膜分离过程中蛋白质的截留率；

C_0——膜分离前溶液中蛋白质的初始浓度，mg/mL；

C_p——膜分离后滤过液中蛋白质的浓度，mg/mL。

膜通量即溶液透过通量，是指在单位时间、单位面积的分离膜透过的溶液体积，并用下式计算：

$$J=\frac{V}{St}\qquad(5-2)$$

式中：J——膜通量，L/（$m^2\cdot min$）；

V——滤过液的体积，L；

S——分离膜的有效面积，m^2；

t——膜分离的操作时间，min。

研究中通过静电纺丝和物化改性相结合制备了多孔PS/EVA复合纳米纤维膜，将其用于分离纯化血清白蛋白溶液，以蛋白质截留率和溶液渗透通量表征膜分离性能。在膜分离过程中，操作压力、处理时间、膜孔径及分布、溶液流速等因素对膜分离性能有很大影响[29-30]。研究中详细分析了膜分离过程中操作压力、膜层数、分离时间与蛋白质截留率、溶液渗透通量的关系。同时，采用考马斯亮蓝法测定溶液中蛋白质的含量。

5.2.2.1　膜层数对蛋白质分离性能的影响

为了分析不同层数纳米纤维膜的分离纯化性能，将1、2、3、4、5、6层多孔PS/EVA复合纳米纤维膜堆叠在一起形成分离膜。在相同的操作条件下（操作压力为0.1MPa，过滤时间为90min）测量分离膜的渗透通量和蛋白质的截留性能。

从图5-3可以看出，蛋白质截留率首先随着膜层数的逐渐增加而迅速增加，然后在膜层数达到4层时蛋白质截留率达到平衡，其蛋白质截留率的平衡值最高达到94.35%。随着分离膜层数的进一步增加，其纤维膜通量值开始减小，这是由于在蛋白质分离过程中，分离膜产生的过滤阻力缓慢增强[31-32]。当分离装置中的纳米纤维膜层数为4层时，分离纯化过程

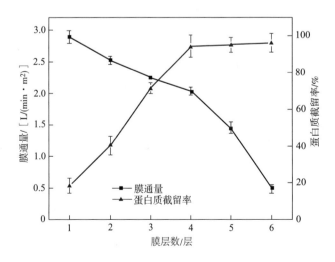

图5-3　纳米纤维膜层数对蛋白质分离性能的影响

仍具有良好的溶液渗透通量，同时保持较高的截留率；当继续增加膜层数时，复合纳米纤维膜溶液透过阻力增加较大。因此，本研究中选择4层叠合的PS/EVA复合纳米纤维膜作为分离层构建膜分离系统，并对血清白蛋白溶液进行分离纯化。

5.2.2.2 过滤时间对膜分离性能的影响

本研究中，采用1mg/mL的血清白蛋白溶液用作滤液，操作压力为0.1MPa，磁力搅拌器的转速为100r/min。测量不同过滤时间PS/EVA复合纳米纤维膜和PES超滤膜的膜通量和蛋白质截留率，结果如图5-4所示。从图中可以看出，PS/EVA复合纳米纤维膜和PES超滤膜的膜通量随过滤时间的延长而降低。随着分离时间的延长，PS/EVA复合纳米纤维膜对血清白蛋白溶液的截留率逐渐增加。当过滤时间达到1.5h时，蛋白质截留率达到93.59%，与市场PES超滤膜的蛋白质截留率基本相同。当进一步延长过滤时间时，蛋白质截留率基本保持平衡。然而，膜通量测量的结果正好相反，随着过滤时间的延长，两种不同纳米纤维膜的溶液渗透通量显著降低。原因是，随着过滤时间的延长，一方面，许多蛋白质分子聚集在纳米纤维的表面或内部，进一步减小了纳米纤维膜的孔径，提高了蛋白质的保留率；另一方面，分离膜内部和表面的蛋白质浓度明显高于顶部未过滤溶

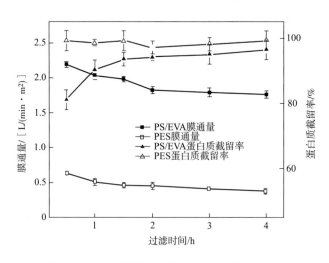

图5-4 纳米纤维膜在不同过滤时间的分离性能

液，从而导致膜的流动阻力随着分离时间的延长而增加。同时，纳米纤维膜表面的吸附阻力、沉积阻力和浓度极化也会降低膜通量[33-34]。此外，从图5-4中可以看出，PS/EVA复合纳米纤维膜的渗透通量约为PES超滤膜（50kD）的4~5倍，在相同的操作压力下，PS/EVA复合纳米纤维膜对血清白蛋白的分离速度快于PES商用膜。

5.2.2.3　操作压力对膜分离性能的影响

本研究中，详细分析了PS/EVA复合纳米纤维膜和PES超滤膜（50kD）在0.04~0.16MPa压力下过滤90min后的膜通量和蛋白质截留率，结果如图5-5所示。由图5-5可以看出，在不同的操作压力条件下，两种纤维膜分离纯化血清白蛋白的性能存在一定差别。当操作压力较小时，在分离初期PS/EVA复合纳米纤维膜和PES超滤膜的膜通量相对较低，原因是分离过程中溶液流动的动力较弱；随着操作压力的逐渐增加，血清白蛋白溶液的流动动力明显高于分离膜产生的流动阻力，两种纳米纤维膜的膜通量均随之增加，而且PS/EVA复合纳米纤维膜的渗透通量比传统的商用超滤膜上升得更快，从图5-5可以看出，在相同的分离时间和不同的操作压力下，PS/EVA复合纳米纤维膜的渗透通量始终高于PES超滤膜。通过观察蛋白质截留率的变化，发现PS/EVA复合纳米纤维膜和PES超滤膜在相同的

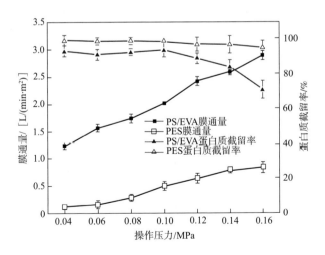

图 5-5　操作压力对纳米纤维膜分离性能的影响

分离时间内，随着操作压力的增加，蛋白质截留率均保持较高，但蛋白质溶液截留率总体保持相对稳定。当分离时间一定，操作压力为0.1MPa时，纳米纤维膜能有效分离血清白蛋白溶液。随着操作压力的进一步增加，其纤维膜蛋白质截留能力降低，这是因为操作压力对纳米纤维膜造成了轻微损伤，导致分离过程中一些蛋白质的流失[35]。

5.2.2.4　重复使用次数对膜分离性能的影响

在蛋白质分离纯化过程中，膜分离系统不仅具有显著的蛋白质截留性能，而且表现出高效的分离处理效率。分别用PS/EVA复合纳米纤维膜和市场通用的PES超滤膜分离浓度为1mg/mL的血清白蛋白溶液。将纳米纤维膜在0.1MPa 操作压力下分离 90min。采用蒸馏水洗涤纳米纤维膜3～5次，再用蒸馏水反复清洗纳米纤维膜。纳米纤维膜在操作条件下重复使用5次，计算每个分离过程中的膜通量和蛋白质截留率。图5-6显示了用于分离和纯化血清白蛋白溶液的不同纳米纤维膜的可重复使用性。可以观察到，在0.1MPa操作压力和90min过滤时间的条件下，随着重复使用次数的增加，两种膜的分离性能基本保持稳定。同时，PS/EVA复合纳米纤维膜经过5次反复使用后，虽然其蛋白质截留率略低于市场PES超滤膜，但膜通量约为市场PES超滤膜通量的4～5倍。可见，与商用膜和其他报道数据

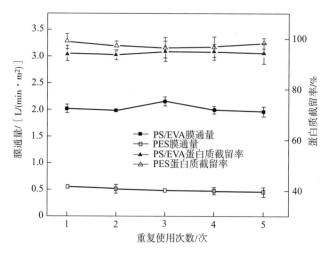

图 5-6　重复使用次数对纳米纤维膜分离性能的影响

相比，纳米纤维膜具有优异的蛋白质分离性能，这表明纳米纤维膜在蛋白质纯化领域在保持较高蛋白质分离效率和降低能耗方面具有巨大潜力[36]。

5.3　再生纤维素复合纳米纤维膜

5.3.1　再生纤维素复合纳米纤维膜的制备

本研究中，以PAN（M_w=90000g/mol）、二醋酸纤维素（CA，M_w=131900g/mol）为溶质，以DMF、THF等试剂为溶剂。利用考马斯亮蓝法测定溶液蛋白质含量。

在静电纺丝实验中，采用自制高压静电纺丝机（包括注射器、高压电源、滚筒接收装置等）制备所需纳米纤维膜。准确称取一定质量的PAN粉末和CA切片溶解于DMF溶剂中，于40℃下恒温磁力搅拌至完全溶解，制备质量分数为12%的均匀纺丝液（其中PAN与CA的质量比为7∶3）。将PAN/CA复合纺丝液放于注射器中，并将注射器连接于高压直流电源，采用滚筒接收PAN/CA复合纳米纤维（滚筒与地线相接）。调控纺丝电压、接收距离、喷丝速度等试验参数，连续纺丝20h后，制备纤维直径均匀、形态良好的纳米纤维膜，将其放于40℃真空干燥箱中干燥2h，备用。将上述成功制备的PAN/CA复合纳米纤维膜经水解后制得PAN/RC复合纳米纤维膜，即再生纤维素复合纳米纤维膜[37]。

利用静电纺丝和水解改性制备的PAN/RC复合纳米纤维膜，并将其用于分离纯化血清白蛋白，将分离纯化血清白蛋白前后的复合纳米纤维膜通过扫描电子显微镜测试纤维表观形态，结果如图5-7所示，经过静电纺丝和水解改性可成功制备纤维成形良好、直径均匀的再生纤维素复合纳米纤维膜。同时，PAN/RC复合纳米纤维膜在分离纯化血清白蛋白溶液的过程中，其纤维的外观形态依然保持稳定，并没有出现明显的溶胀损坏现象，但因复合纳米纤维上覆有少量血清白蛋白，纤维略微变粗[38]。

利用红外光谱仪对各种复合纳米纤维膜进行化学结构分析，测试各

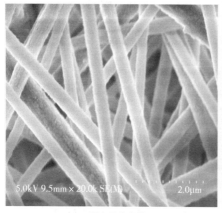
(a) 蛋白质分离前

(b) 蛋白质分离后

图 5-7　纳米纤维膜扫描电镜图

纤维中的功能性基团。四种纳米纤维膜红外光谱测试结果如图5-8所示，在波数2243.21cm⁻¹处出现的吸收峰是PAN纳米纤维膜中氰基特征吸收峰。CA纳米纤维膜在波数3489.93cm⁻¹、1749.43cm⁻¹处的吸收峰是羟基（—OH）和酯羰基（C＝O）的伸缩振动峰，其中甲基（—CH₃）的对称变角振动峰在1367.41cm⁻¹处。对比PAN/CA和PAN/RC复合纳米纤维膜红外光谱图发现，纳米纤维膜经水解改性后，在波数2243.21cm⁻¹处的氰基特征吸收峰

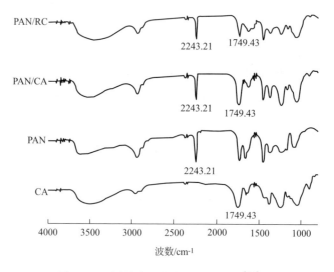

图 5-8　不同纳米纤维膜红外光谱图[37]

未发生变化，说明复合纳米纤维膜在水解改性过程中PAN中的氰基并未反应。水解改性后的再生纤维素复合纳米纤维在波数1749.43cm⁻¹处的酯羰基（—C＝O）特征吸收峰明显减弱。由此可以说明，PAN/CA复合纳米纤维膜中部分酯羰基发生了水解反应，从而造成酯羰基（—C＝O）特征吸收峰明显减弱[39]。

5.3.2　再生纤维素复合纳米纤维膜蛋白质分离性能

为分析再生纤维素复合纳米纤维膜对蛋白质溶液分离纯化的能力，将相同厚度的复合纳米纤维膜（其中，再生纤维素复合纳米纤维膜利用美国康塔比表面积及孔径分析仪测试其孔体积、平均孔径、BET比表面积分别为0.05mL/g、32.55nm、28.57m²/g）和商业使用的PES超滤膜作为分离膜，分别构建膜分离系统[40]。其中，将尼龙导流网作为支撑层，再将分离膜覆盖于上层，然后血清白蛋白溶液会在一定的压力驱动下，从而选择性透过分离膜，达到分离纯化蛋白质的效果。采用静电纺丝和水解改性制备再生纤维素纳米纤维膜分离血清白蛋白溶液，主要以蛋白质截留率和溶液透过通量来表征膜分离性能。在膜分离过程中，操作压力、处理时间、膜孔径大小及其分布、溶液流速等因素都极大地影响着膜分离性能[41-43]。本研究主要分析膜分离过程中的操作压力和分离时间与蛋白质的截留率和溶液透过通量之间的关系。

以4层的PAN/RC复合纳米纤维膜和PES超滤膜（50kD）作为过滤层，1mg/mL的血清白蛋白溶液为过滤液，构建膜分离系统。通过调节实验中的压强和过滤时间等影响因素，测定两种分离膜对血清白蛋白的截留率和溶液透过通量，用于评价两种纳米纤维膜分离纯化血清白蛋白能力的强弱。其中，蛋白质截留率和膜通量计算见式（5-1）和式（5-2）。

5.3.2.1　过滤时间对膜分离性能的影响

本研究分别测定不同过滤时间下再生纤维素复合纳米纤维膜和PES超滤膜的膜通量和蛋白质截留率（磁力搅拌器的转速设置为100r/min）。实验采用1mg/mL的血清白蛋白溶液作为待过滤液。经研究，当操作压力恒定为0.1MPa时，纳米纤维膜过滤血清白蛋白时间与膜通量和蛋白质截留率之间的关系如图5-9所示。由图5-9可知，随着过滤时间的延长，PAN/RC复合纳米纤维膜和PES超滤膜的膜通量均呈下降趋势，原因是纤维膜在分离蛋白质溶液过程中，随着分离时间的增加，溶液流动阻力也在逐渐增大，由于纤维膜表面产生吸附阻力、沉积阻力以及浓度极化现象从而降低了膜通量[44-46]。同时，再生纤维素复合纳米纤维膜的膜通量是PES超滤膜膜通量的4倍左右，即在相同的操作压力下，再生纤维素复合纳米纤维膜分离血清白蛋白的速度更快。分析蛋白质截留率与分离时间的关系发现，随着过滤时间的增加，再生纤维素复合纳米纤维膜对血清白蛋白溶液的截留率逐渐变大，最高达到80.04%，具备较高的截留率。

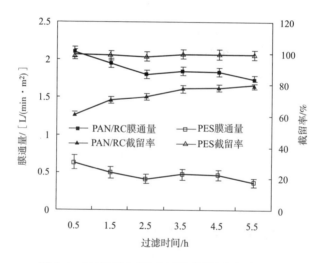

图5-9　过滤时间对纳米纤维膜分离性能的影响

5.3.2.2　操作压力对膜分离性能的影响

实验研究了操作压力对膜分离性能的影响。当蛋白质过滤时间均为90min，操作压力在0.04～0.12MPa变化时，研究操作压力对膜通量和蛋白质截留率的影响。经过实验探究，将PAN/RC复合纳米纤维膜和PES超滤膜（50kD）在不同压力条件下过滤90min后，计算两种纳米纤维膜的膜通量和截留率的变化情况。结果如图5-10所示，当过滤时间相同、操作压力不同时，两种纤维膜分离纯化血清白蛋白性能各不相同。当操作压力较小时，由于纳米纤维膜膜本身在分离过程中对溶液流动产生一定的过滤阻力，因此，PAN/RC复合纳米纤维膜和PES超滤膜在分离初期的膜通量都较低；随着压力的增大，血清白蛋白溶液流动的动力增加，两种纳米纤维膜膜通量都增大，但再生纤维素纳米纤维膜膜通量增速更快。而且由图5-10中可以看出，在相同分离时间、不同的操作压强条件下，再生纤维素复合纳米纤维膜的膜通量始终高于PES超滤膜。观察蛋白质截留率变化发现，在相同过滤时间的条件下，随着操作压强的增加，再生纤维素复合纳米纤维膜和PES超滤膜均保持较高截留率，纳米纤维膜截留率虽出现小幅波动但基本保持平稳。当过滤时间一定，在0.1MPa操作压力下，纳米纤维膜能够高效分离血清白蛋白。当操作压力继续增加时，纳米纤维膜有少许损坏，造成蛋白质流失[47-48]。

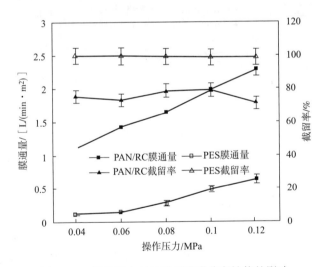

图 5-10　操作压力对纳米纤维膜分离性能的影响

5.3.2.3　重复使用次数对膜分离性能的影响

本研究又探讨了再生纤维素纳米纤维膜蛋白质分离的重复使用性能。分别用再生纤维素复合纳米纤维膜和商业PES超滤膜分离1mg/mL的血清白蛋白溶液，在0.1MPa的操作压力下过滤分离90min，取出纳米纤维膜用蒸馏水清洗，然后在相同条件下，将纳米纤维膜重复使用5次，计算每次分离过程中的膜通量和蛋白质截留率。经试验研究，在相同条件下，两种纤维膜重复使用性能测试结果如图5-11所示[37]。由图5-11可知，随着重复使用次数的增加，两种分离膜的分离性能基本保持稳定。同时，再生纤维素复合纳米纤维膜经过5次重复分离血清白蛋白试验后，其蛋白质截留率虽略低于商业PES超滤膜，但膜通量是商业PES超滤膜通量的4倍左右，依然具备优良的重复使用能力。

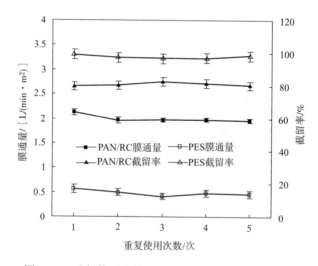

图 5-11　重复使用次数对纳米纤维膜分离性能的影响

5.4　结论与展望

当前，制备高效、快速、低成本的蛋白质吸附分离材料具有非常重要的意义。静电纺丝过程可控性好、原料种类丰富，且静电纺纳米纤维材料具有比表面积大、纤维聚集体结构可调性好等特点，已经成为当前相关领域的研究热点。虽然基于静电纺纳米纤维蛋白质吸附分离材料的研究已经取得了一定进展，但是一些关键瓶颈问题仍然没有解决。一方面，纳米纤维的本体结构及其改性方法未能得到有效优化，且纳米纤维膜理化结构与其蛋白吸附分离性能之间的构效关系尚不明确，导致当前纳米纤维蛋白质吸附分离膜材料的应用性能与期望还有一定差距[49]。另一方面，当前纳米纤维蛋白质吸附分离材料多为纤维紧密堆积的层状膜结构，该结构极大地限制了蛋白质分子的快速传质吸附和液体介质的快速流通，导致材料的蛋白质吸附容量和处理通量难以得到大幅度提升。此外，薄膜结构也使其难以组装成结构稳定的吸附分离层析柱，极大地限制了纳米纤维蛋白质吸附分离材料的实际应用[50]。

为进一步拓展纳米纤维材料在蛋白质分离纯化领域的应用前景，在今后的研究中拟采用功能化改性方法，特别是实现纳米纤维气凝胶的无损伤表面改性，在保证纳米纤维材料本体结构和力学性能的前提下接枝多种蛋白质吸附官能团，从而制备出高效的疏水型、生物亲和型、拟生物亲和型、固定化金属亲和型纤维蛋白质吸附分离材料[51]。另外，目前静电纺纳米纤维蛋白质吸附分离材料的研究主要集中在有机高分子纤维材料和有机/无机杂化纤维材料两个方面，所制备材料中的有机组分在长时间实际应用过程会发生溶胀，从而影响材料形貌结构、孔结构和力学性能的稳定性。无机陶瓷氧化物纳米纤维材料具有良好的抗溶胀性能，且其表面大量的羟基也被活化以接枝蛋白质吸附官能团。因此，众多学者集中研究将陶瓷氧化物纳米纤维膜和气凝胶引入到蛋白质分离纯化应用领域，制备具有优异力学性能的高效改性纳米纤维基蛋白质吸附分离材料[52]。

参考文献

［1］罗鸣，尚闽，郑祥. 蛋白截留法评价超滤膜分离性能研究［J］. 膜科学与技术，2014（6）: 56-61.

［2］吕晓龙. 中空纤维多孔膜性能评价方法探讨［J］. 膜科学与技术，2011（2）: 1-6.

［3］凤权，汤斌. 粘杆菌素发酵液微滤膜分离处理过程研究［J］. 生物学

杂志，2010，27（1）：43-46.

［4］周建军，张欢，何明. 纤维素基吸附分离材料研究进展［J］. 高分子通报，2015，6：29-36.

［5］姚红娟，王晓琳. 膜分离技术在低分子量生物产品分离纯化中的应用［J］. 化工进展，2003，2：146-152.

［6］蔡铭，陈思，骆少磊，等. 膜分离与醇沉技术纯化猴头菇粗多糖的比较［J］. 食品科学，2019，40（9）：91-98.

［7］FENG Q, HOU D, ZHAO Y, et al. Electrospun regenerated cellulose nanofibrous membranes surface-grafted with polymer chains/brushes via the ATRP method for catalase immobilization［J］. ACS Applied Materials & Interfaces, 2014, 6: 20958-20967.

［8］LU P, HSIEH Y L. Lipase bound cellulose nanofibrous membrane via cibacron blue F3GA affinity ligand［J］. Journal of Membrane Science, 2009, 330: 288-296.

［9］FENG Q, WEI Q F, HOU D Y, et al. Preparation of amidoxime polyacrylonitrile nanofibrous membranes and their applications in enzymatic membrane reactor［J］. Journal of Engineered Fibers and Fabrics, 2014, 9（2）: 146-152.

［10］FENG Q, WANG X Q, WEI A F, et al. Surface modified ployacrylonitrile nanofibers and application for metal ions chelation［J］. Fibers and Polymers, 2011, 12（8）: 1025-1029.

［11］梁斌，王建强，潘凯，等. 静电纺丝纳米纤维在膜分离中的研究进展［J］. 高分子通报，2013，4：99-107.

［12］凤权，侯大寅，毕松梅. AOPAN 纳米纤维金属离子配合性能及动力学分析［J］. 东华大学学报（自然科学版），2015，41（2）：143-147.

［13］WANG J, WANG T, LI L, et al. Functionalization of polyacrylonitrile nanofiber using ATRP method for boric acid removal from aqueous solution

[J]. Journal of Water Process Engineering, 2014, 3: 98-104.

[14] 刘璇, 高傲然, 何本桥, 等. 季铵化聚丙烯腈的制备及其催化制备生物柴油 [J]. 高分子学报, 2014(7): 948-955.

[15] 汪滨, 张凡, 王娇娜, 等. 偕胺肟化 PAN 纳米纤维膜除铬性能的研究 [J]. 高分子学报, 2016(8): 1105-1111.

[16] SIVAKUMAR M, MOHANASUBDRAAM A K, MOHAN D, et al. Modification of cellulose acetate: Its characterization and application as an ultrafiltration membrane [J]. Journal of Applied Polymer Science, 2015, 67(11): 1939-1946.

[17] PRACELLA M, HAQUE M U, PACI M, et al. Property tuning of poly (lactic acid)/cellulose bio-composites through blending with modified ethylene-vinyl acetate copolymer [J]. Carbohydrate Polymers, 2015, 137: 515.

[18] BAKAR N A, CHEE C Y, ABDULLAH L C, et al. Thermal and dynamic mechanical properties of grafted kenaf filled poly(vinyl chloride)/ethylene vinyl acetate composites [J]. Materials & Design, 2015, 65: 204-211.

[19] BIDSORKHI H C, ADELNIA H, HEIDAR P R, et al. Preparation and characterization of ethylene-vinyl acetate/halloysite nanotube nanocomposites [J]. Journal of Materials Science, 2015, 50(8): 3237-3245.

[20] ZHAO W, CRANDALL C, PRAUTZSCH V L, et al. Electrospun regenerated cellulose nanofiber membranes surface-grafted withwater-insoluble poly(HEMA) or water-soluble poly(AAS) chains via the ATRP method for ultrafiltration of water [J]. ACS Applied Materials & Interfaces, 2017, 9(4): 4272-4278.

[21] WUD S, FENG Q, LI M, et al. Preparation and protein separation properties of the porous polystyrene/ethylene-vinyl acetate copolymer

blend nanofibers membranes ［J］. ACS Omega, 2019, 23（4）: 20152–20158.

［22］ ZHU T, XU D, WU Y, et al. Surface molecularly imprinted electrospun affinity membranes with multimodal pore structures for efficient separation of proteins［J］. Journal of Materials Chemistry B, 2013, 1: 6449–6458.

［23］ CEMIL A. Boronic acid–fumed silica nanoparticles incorporated large surface area monoliths for protein separation by nano–liquid chromatography［J］. Analytical and Bioanalytical Chemistry, 2016, 408（29）: 1–10.

［24］ WU S, ZHANG J, LADANI R B, et al. Novel electrically conductive porous PDMS/carbon nanofiber composites for deformable strain sensors and conductors［J］. ACS Applied Materials & Interfaces, 2017, 9（16）: 14207–14215.

［25］ DW A, QUAN F A, TAO X B, et al. Electrospun blend nanofiber membrane consisting of polyurethane, amidoxime polyarcylonitrile, and β–cyclodextrin as high–performance carrier/support for efficient and reusable immobilization of laccase［J］. Chemical Engineering Journal, 2018（1）: 517–526.

［26］ SAKAKIBARA K, MORIKI Y, YANO H, et al. Strategy for the improvement of the mechanical properties of cellulose nanofiber-reinforced high–density polyethylene nanocomposites using diblock copolymer dispersants［J］. ACS Applied Materials & Interfaces, 2017, 9（50）: 44079–44087.

［27］ TIJING L D, PARK C H, CHOI W L, et al. Characterization and mechanical performance comparison of multiwalled carbon nanotube/polyurethane composites fabricated by electrospinning and solution casting［J］. Composites Part B: Engineering, 2013, 44: 613–619.

［28］ LI X, DING B, LIN J, et al. Enhanced mechanical properties of superhydrophobic microfibrous polystyrene mats via polyamide 6 nanofibers [J]. Journal of Physical Chemistry C, 2009, 113: 20452–20457.

[29] EMIN, CLELIA, KURNIA E, et al. Polyarylsulfone–based blend ultrafiltration membraneswith combined size and charge selectivity for protein separation [J]. Separation and Purification Technology, 2018, 193: 127–138.

[30] SOYEKWO F, ZHANG Q, ZHEN L, et al. Borate crosslinking of polydopamine grafted carbon nanotubes membranes for protein separation [J]. Chemical Engineering Journal, 2017, 337: 110–121.

[31] MADADKAR P, GHOSH R. High–resolution protein separation using a laterally–fed membrane chromatography device [J]. Journal of Membrane Science, 2016, 499: 126–133.

[32] SHI W, ZHANG S Q, LI K B, et al. Integration of mixed–mode chromatography and molecular imprinting technology for double recognition and selective separation of proteins [J]. Separation and Purification Technology, 2018, 202: 165–173.

[33] SCHNEIDERMAN S, ZHANG L, FONG H, et al. Surface–functionalized electrospun carbon nanofiber mats as an innovative type of protein adsorption/purification medium with high capacity and high throughput [J]. Journal of Chromatography A, 2011, 1218 (50): 8989–8995.

[34] HUANG L, YE H, YU T, et al. Similarly sized protein separation of charge–selective ethylene–vinyl alcohol copolymer membrane by grafting dimethylaminoethyl methacrylate [J]. Journal of Applied Polymer Science, 2018, 135 (25): 46374.

[35] LEE B, KIM B C, CHANG M S, et al. Efficient protein digestion using highly–stable and reproducible trypsin coatings on magnetic nanofibers [J]. Chemical Engineering Journal, 2015, 288: 770–777.

［36］ZOU X, YANG F, SUN X, et al. Functionalized nano-adsorbent for affinity separation of proteins［J］. Nanoscale Research Letters, 2018, 13 （1）: 165.

［37］凤权, 武丁胜, 桓珊, 等. 再生纤维素纳米纤维膜的制备及其蛋白质分离性能［J］. 纺织学报, 2016, 37 （12）: 12-17.

［38］MA Z, RAMAKRISHNA S. Electrospun regenerated cellulose nanofiber affinity membrane functionalized with protein A/G for IgG purification［J］. Journal of Membrane Science, 2008, 319 （1-2）: 23-28.

［39］ZHOU Q, BAO Y, ZHANG H, et al. Regenerated cellulose-based composite membranes as adsorbent for protein adsorption［J］. Cellulose, 2020, 27 （1）: 335-345.

［40］凤权, 魏安静, 侯大寅, 等. 基于 AOPAN 纳米纤维膜的粘杆菌素发酵液后处理研究［J］. 生物学杂志, 2014, 31 （5）: 89-92.

［41］RAJESH S, MAHESWARI P, SENTHILKUMAR S, et al. Preparation and characterization of poly （amide-imide）incorporated cellulose acetate membranes for polymer enhanced ultrafiltration of metal ions［J］. Chemical Engineering Journal, 2011, 171 （5）: 33-44.

［42］RAVANCHI M T, KAGHAZCHI T, KARGARI A. Application of membrane separation processes in petrochemical industry: A review［J］. Desalination, 2009, 235 （1-3）: 199-244.

［43］MENEGOTTO A, FERNANDES I A, COLLA L M, et al. Thermic and techno-functional properties of Arthrospira platensis protein fractions obtained by membrane separation process ［J］. Journal of Applied Phycology, 2020, 32 （6）: 1-16.

［44］LAKSHMI K, PATHAN M A, RASHEETH A. Separation of proteins from aqueous solution using cellulose acetate/poly （vinyl chloride）blend ultrafiltration membrane［J］. Journal of Membrane Science, 2011, 46: 2914-2921.

［45］HE X, ZHU G, LU W, et al. Nickel（Ⅱ）–immobilized sulfhydryl cotton fiber for selective binding and rapid separation of histidine–tagged proteins ［J］. Journal of Chromatography A, 2015, 1405: 188–192.

［46］LV H, WANG X, FU Q, et al. A versatile method for fabricating ion-exchange hydrogel nanofibrous membranes with superb biomolecule adsorption and separation properties ［J］. Journal of Colloid and Interface Science, 2017, 506: 442–451.

［47］MA J, FU Q, WANG X, et al. Highly carbonylated cellulose nanofibrous membranes utilizing maleic anhydride grafting for efficient lysozyme adsorption ［J］. ACS Applied Materials & Interfaces, 2015, 7（28）: 15658–15666.

［48］YIENGVEERACHON C, YOSHIKAWA S, MATSUMOTO H, et al. Characteristics of coconut protein separation process by means of membrane ultrafiltration ［J］. Journal of Food Process Engineering, 2020, 43（4）: 13363.

［49］FU Q, SI Y, DUAN C, et al. Highly carboxylated, cellular structured, and underwater superelastic nanofibrous aerogels for efficient protein separation ［J］. Advanced Functional Materials, 2019, 29（13）: 1808234.

［50］FU Q, WANG X, SI Y, et al. Scalable fabrication of electrospun nanofibrous membranes functionalized with citric acid forhigh–performance protein adsorption ［J］. ACS Applied Materials & Interfaces, 2016, 8（18）: 11819–11829.

［51］拜凤姣, 王卉, 陈晓敏, 等. 丝素蛋白基纺织材料及其在生物医学领域的应用 ［J］. 材料导报, 2020（7）: 7154–7160.

［52］张放. 功能化纳米纤维素气凝胶的成型机理及其应用基础研究 ［D］. 南京: 南京林业大学, 2017.